娃娃造型服飾裁縫手冊

中性休閒時尚穿搭

allnurds 內山順子

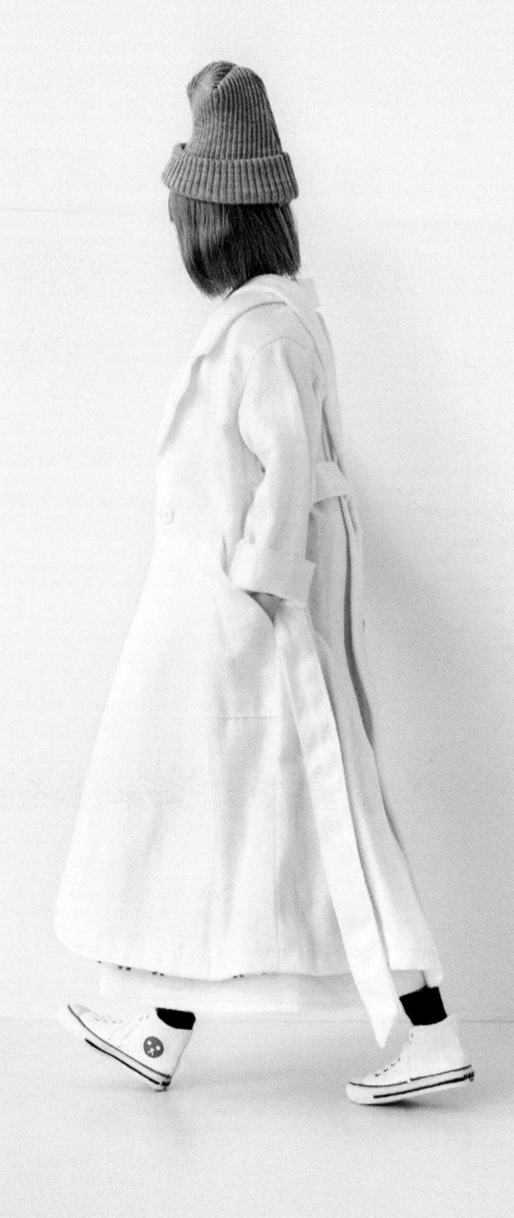

Prologue

我從小就愛裝扮娃娃，但總想著「有沒有夢幻公主服以外的選擇」，希望娃娃也能穿上一般的流行服飾，這就是我創作的初衷！

這本書收錄的中性休閒時尚穿搭，正是我最愛的服裝風格。
有些服裝看起來好像不容易製作，但基本上我都是以基礎或是容易縫製的形式來構思。因為品項的關係，服飾會因為挑選的布料，而展現截然不同的風格，我希望大家也能享受這其中的樂趣，同時創作出各種款式。

大家何不一改娃娃往日的甜美服飾，換上一襲翻轉形象的穿搭？
一起來發掘自己鍾愛娃娃的最新魅力吧！

Contents

Model：momoko
作法：P.92-97

Model：momoko
作法：P.100-105

Model：momoko
作法：P.98,99

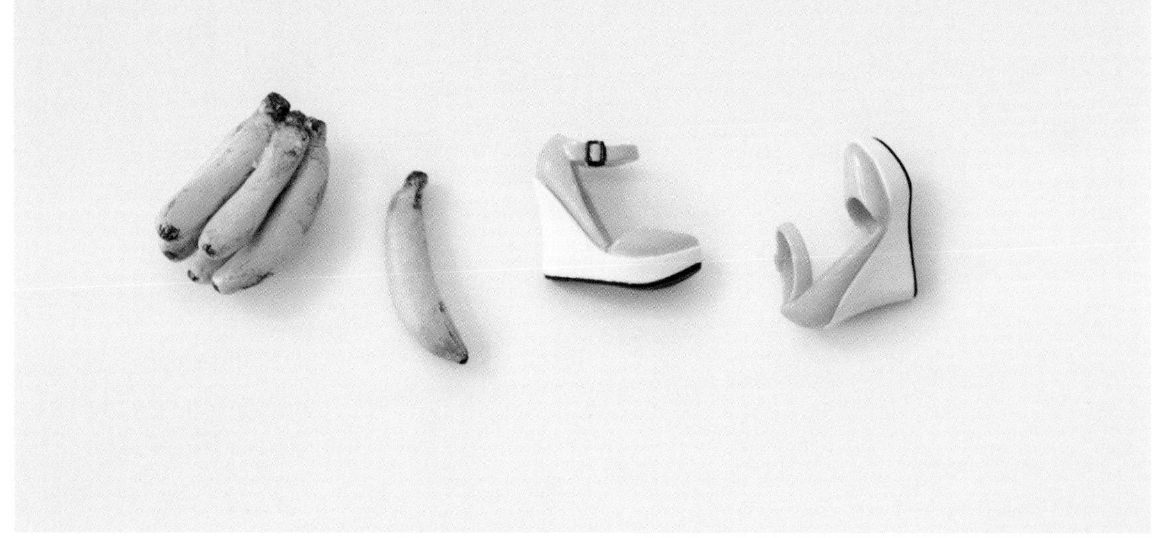

Model：momoko
作法：P.84-91

Model：ruruko（pureneemo XS 女生素體）
作法：P.56-58

Model：ruruko boy（pureneemo S 男生素體）
作法：P.54,55

Model：ruruko（pureneemo XS 女生素體）
作法：P.59-61

Model：ruruko boy（pureneemo XS 男生素體）
作法：P.62-64

Model：OBITSU Kewpie®（OB11素體）
作法：P.50-53
OBITSUBODY®

Model：mini-Myammy（OB11素體）
作法：P.48,49
myammy©PetWORKs Co., Ltd.
OBITSUBODY®
鞋子：©OBITSU 製作所

Model：Blythe
作法：P.65（64）-67

鞋子：SEKIGUCHI

Model：Blythe
作法：P.68-71

鞋子：PetWORKs

on, when
n the couch,
We have had
titres
sur les

Model：SHINO YAESAKA（OB24 素體 S 胸）
作法：P.81-83

鞋子：SEKIGUCHI

Model：Alvastaria　Milo（pureneemo S 男生素體）
作法：P.78-80

Model：Alvastaria　Neil（pureneemo S 男生素體）
作法：P.72-74

鞋子：SEKIGUCHI

Model：六分之一男子圖鑑　NINE
作法：P.106-109

Model：六分之一男子圖鑑　EIGHT
作法：P.110-112

Model：EX☆CUTE CHIIKA（pureneemo S 女生素體）
作法：P.75-77

Model：U-noa Quluts light Fluorite
作法：P.130-135
©GentaroAraki / Renkinjyutsu-Koubou,Inc.
鞋子：SEKIGUCHI

Model：U-noa Quluts light Fluorite
作法：P.126-129

鞋子：SEKIGUCHI

Model：U-noa Quluts light Azurite
作法：P.120-125

鞋子：PetWORKs

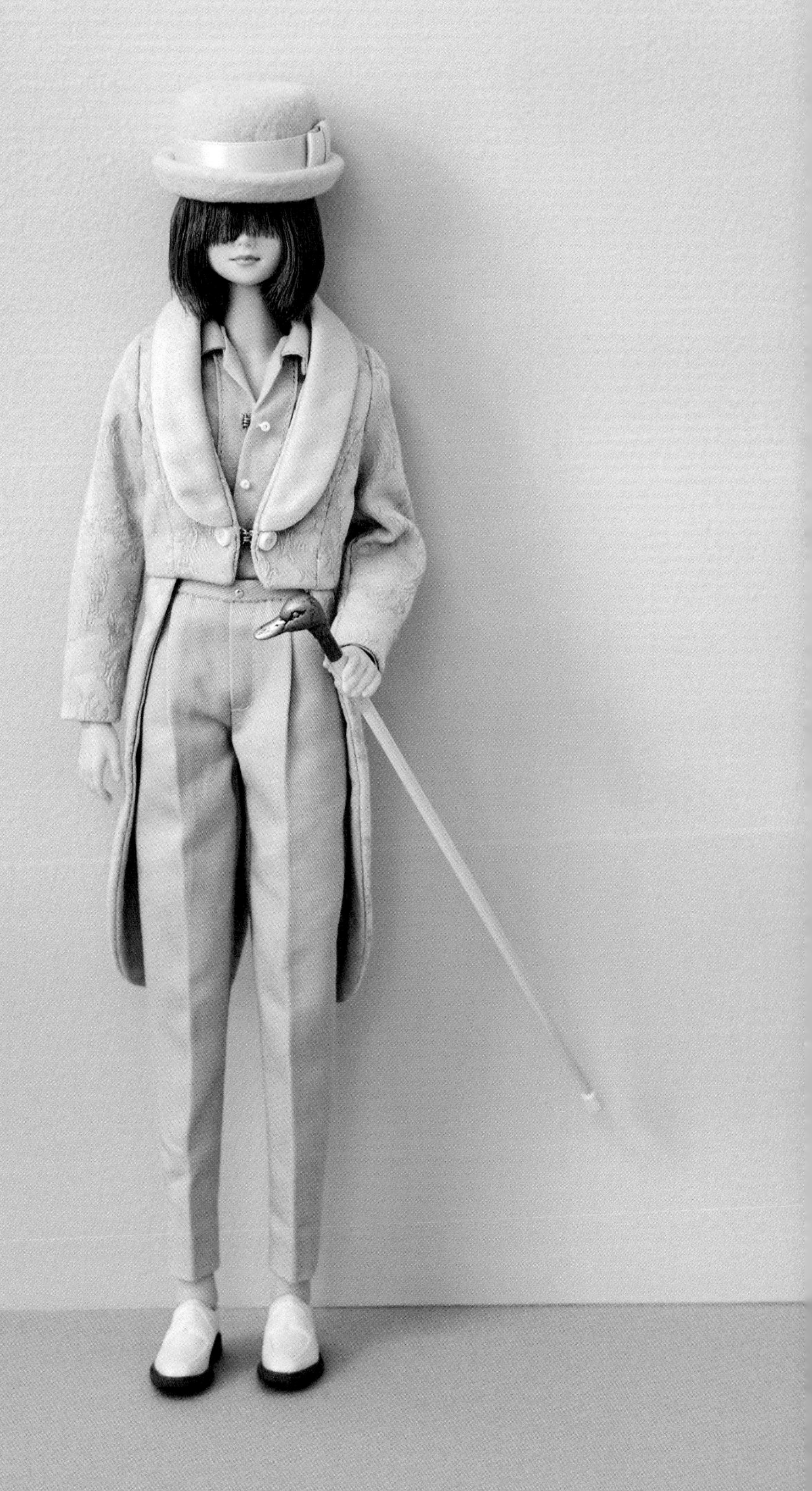

Model：U-noa Quluts light Azurite
作法：P.113-119

鞋子：PetWORKs

Image P.4 / How to make P.92-97

Image P.6 / How to make P.100-105

Image P.8 / How to make P.98,99

27cm

Image P.10 / How to make P.84-91

20cm

Image P.12 / How to make P.56-58

22cm

Image P.13 / How to make P.54,55

20cm

Image P.14 / How to make P.59-61

20cm

Image P.15 / How to make P.62-64

11cm

Image P.16 / How to make P.50,51

11cm

Image P.16 / How to make P.52,53

11cm

Image P.18 / How to make P.48,49

22cm

Image P.20 / How to make P.65-67

22cm

Image P.22 / How to make P.68-71

Image P.26 / How to make P.78-80

22cm

Image P.27 / How to make P.72-74

24cm

Image P.24 / How to make P.81-83

28&29cm

Image P.28 / How to make P.106-109

28&29cm

Image P.29 / How to make P.110-112

22cm

Image P.30 / How to make P.75-77

27cm

Image P.32 / How to make P.130-135

27cm

Image P.34/ How to make P.126-129

27cm

Image P.35 / How to make P.120-125

27cm

Image P.36 / How to make P.113-119

Point Lesson

這裡以分解步驟為大家介紹書中常見的作法和特殊技巧。

摺邊

這項技巧不利用縫線摺邊，而是利用接著膠帶摺邊。

1 依完成線摺衣襬，用熨斗壓燙。

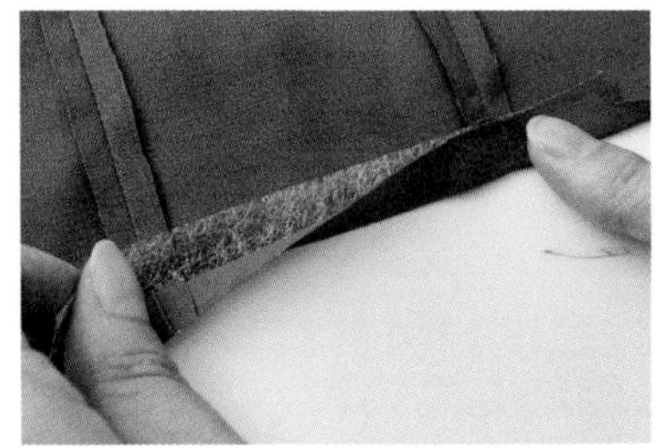

2 將接著膠帶貼在縫份。

3 用熨斗壓燙黏合。

羅紋

這項技巧是將休閒服飾中常見的「羅紋」縫在衣袖和衣襬。

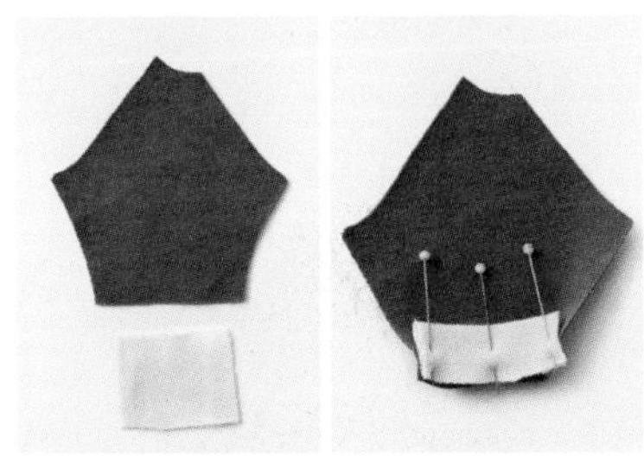

1 準備衣袖和衣袖羅紋，羅紋對摺，用珠針固定在袖口。

2 一邊拉平衣袖和衣袖羅紋的完成線，一邊縫合。

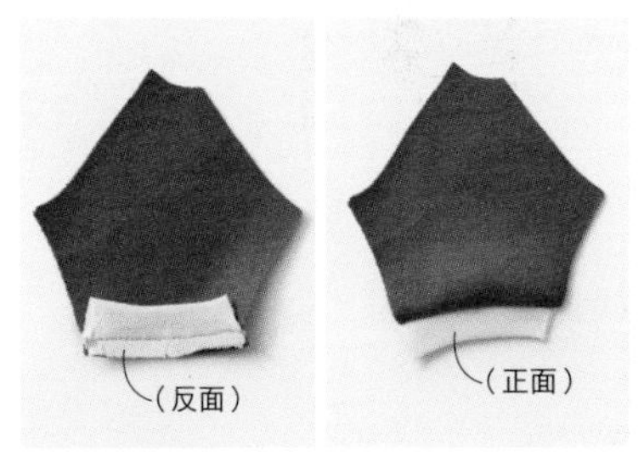

3 縫好的樣子

雙邊壓縫

這項技巧是用於腰部有鬆緊帶的下身類服飾。

1 鬆緊帶穿過腰帶，如★般暫時固定兩端。

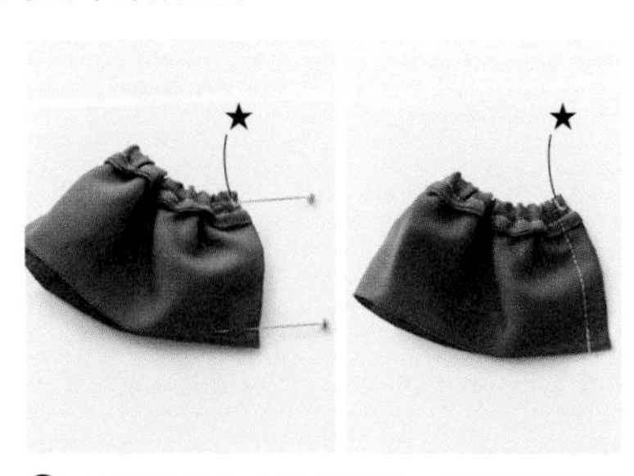

2 腰圍依後中心正面相對，用珠針固定縫合。

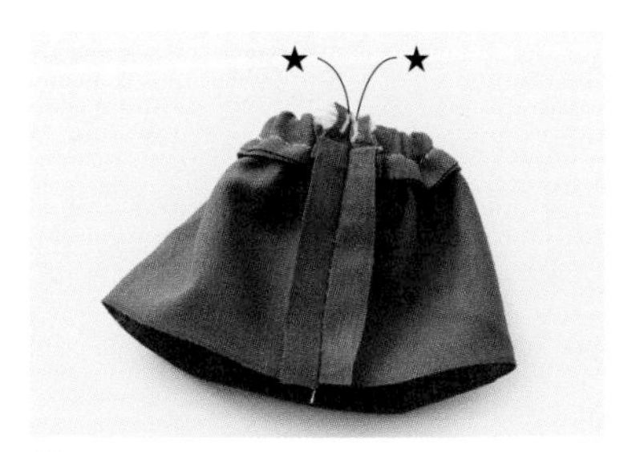

3 用熨斗將縫份攤開燙平。。

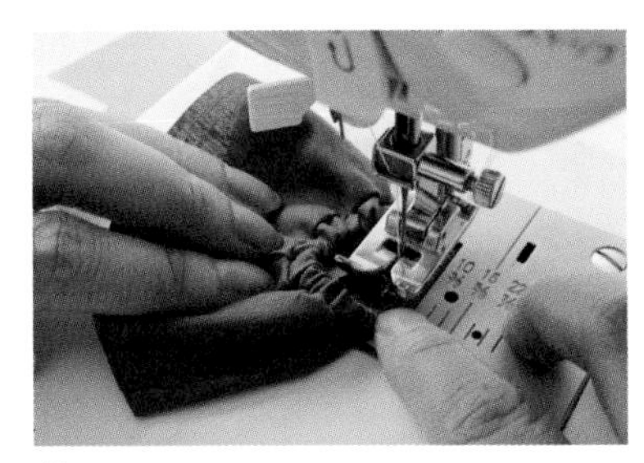

4 避開前面，縫合熨開的後中心縫份。

5 從正面看的樣子。縫份經過雙邊壓縫。

口袋作法

本書收錄各式口袋作法，讓我們一起來學習多種類型的製作。

口袋 1

基本口袋作法+夾住緞帶裝飾的技巧。

1 依完成線摺袋口，加上縫線。

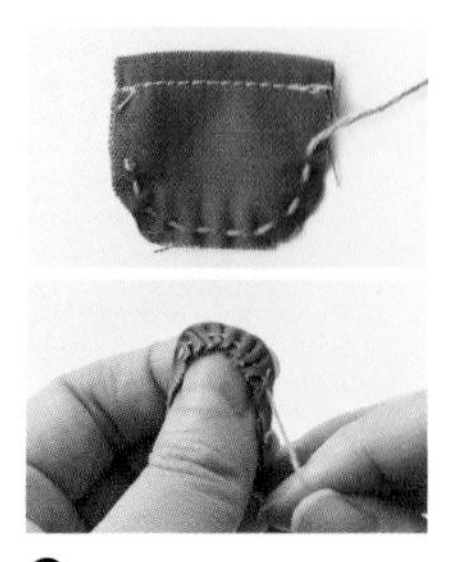

2 平針縫合弧形底部，收緊縫線，縫出圓弧形。

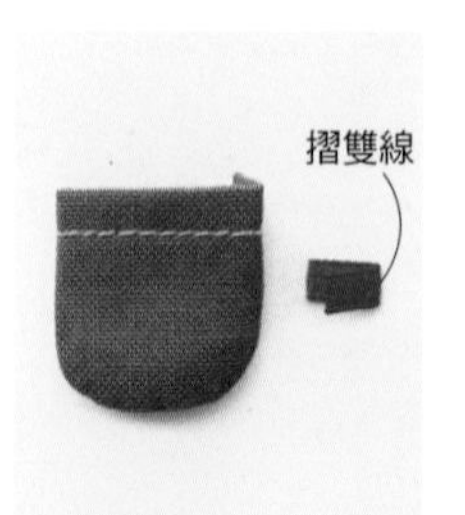

3 用熨斗燙平縫份，緞帶對摺。

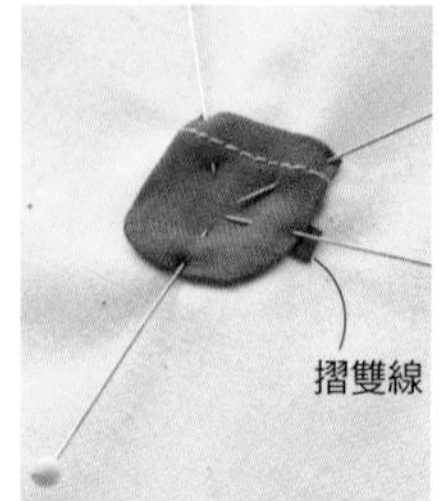

4 夾住緞帶，用珠針固定在指定位置。

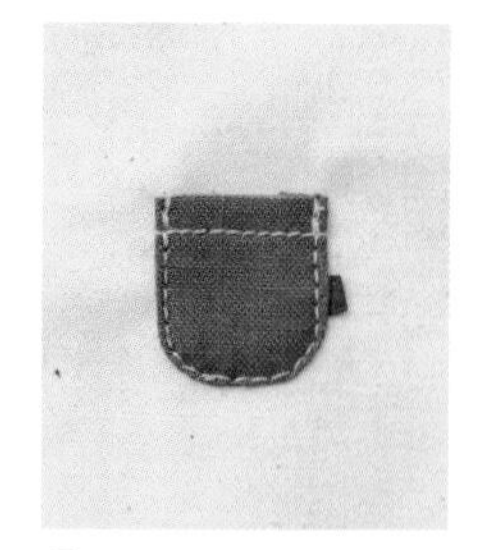

5 在完成線加上縫線，將口袋縫在衣服。

口袋 2

將口袋縫在腰部側邊的製作技巧。

1 依完成線摺袋口，加上縫線。

2 平針縫合弧形底部，收緊縫線，縫出圓弧形。

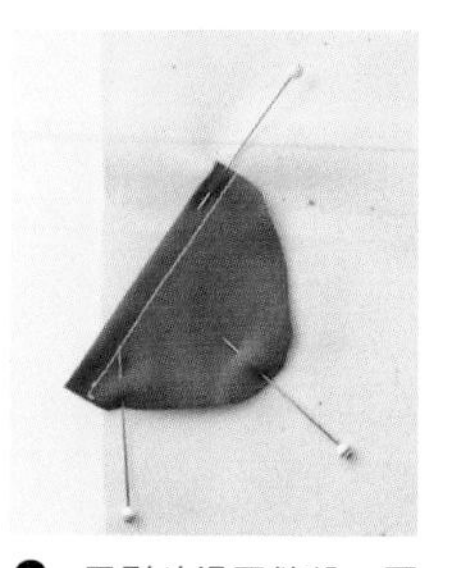

3 用熨斗燙平縫份，再用珠針固定在指定位置。

4 在完成線加上縫線，將口袋縫在衣服。

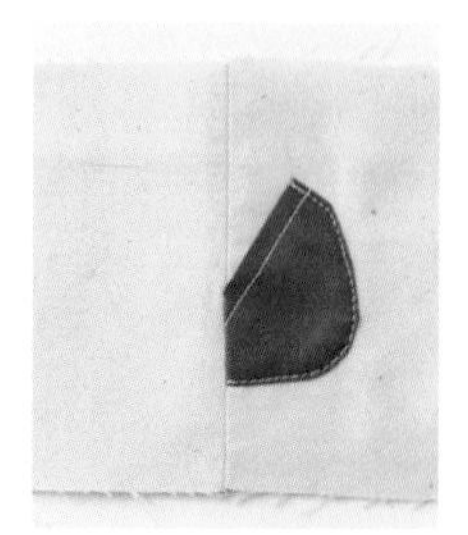

5 前後上身夾住袋口側邊，正面相對縫合。

口袋 3

裝飾口袋，在袋口縫上掀蓋的技巧。

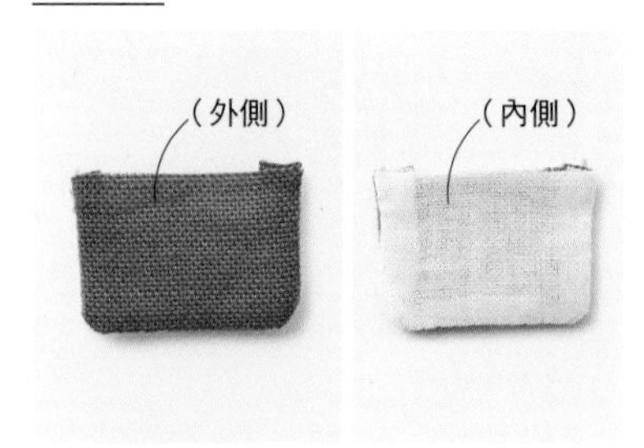

1 準備縫在袋口的掀蓋。

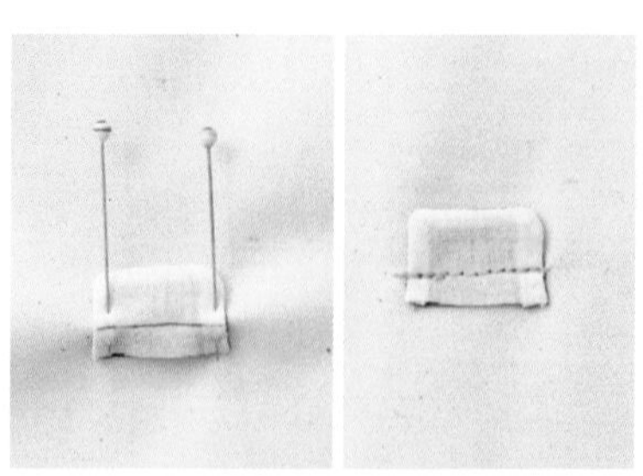

2 用珠針固定在指定位置，在掀蓋的完成線縫線接合。

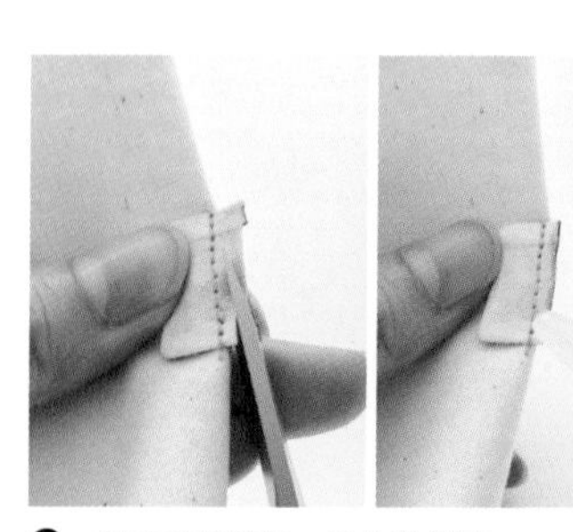

3 剪去多餘縫份，塗上防綻液。

4 將掀蓋縫在衣服，縫份修剪好的樣子。

5 掀蓋往正面倒，用熨斗壓燙。

6 掀蓋完成。

口袋 4 袋口縫成箱形的箱形口袋+剪出牙口讓手放進口袋的技巧。

1 準備箱形口袋的布料。

2 依完成線摺兩側的縫份。

3 從中心對摺，用布用接著劑固定縫份。

4 箱形口袋完成，標註完成線的記號。

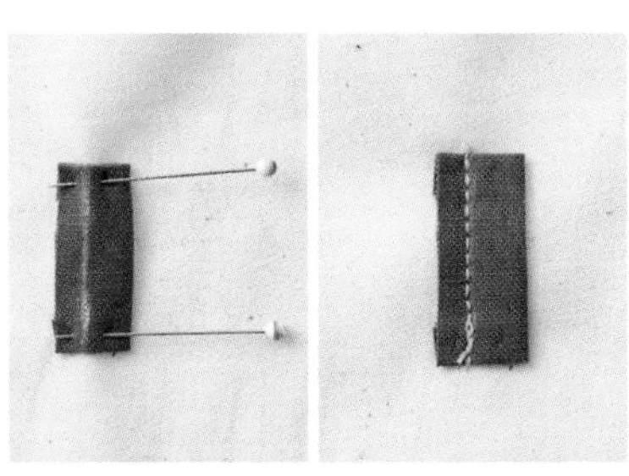

5 用珠針固定在指定位置，在完成線縫線接合。

6 縫份倒向一邊，標記牙口位置的記號。

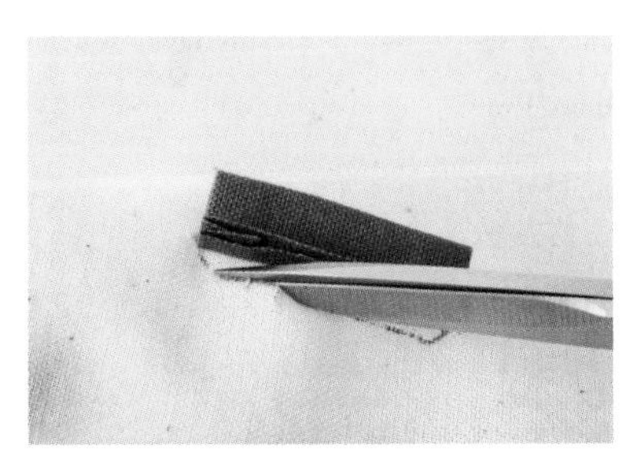

7 在上身剪出牙口。

8 在上身牙口塗上防綻液。

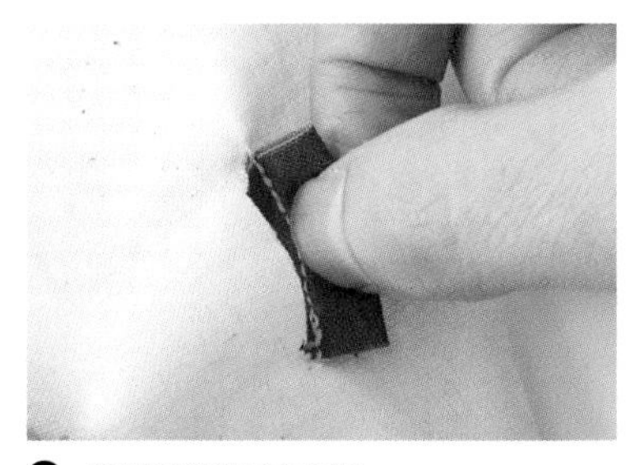

9 箱形口袋往反方向倒。

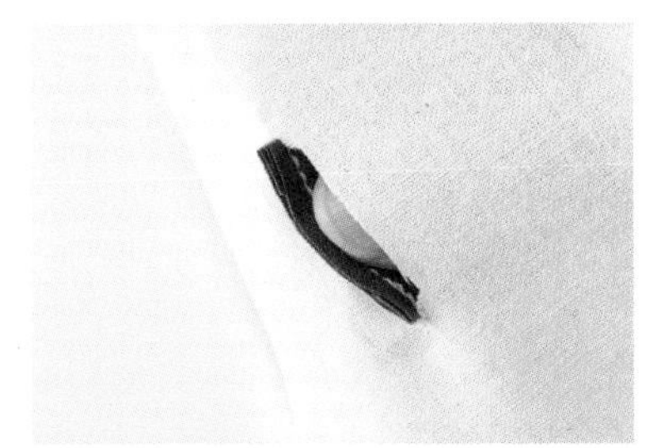

10 縫份穿過牙口，用熨斗燙平。

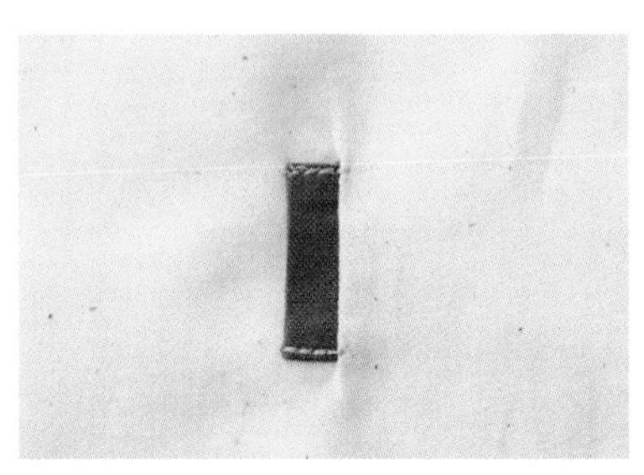

11 箱形口袋兩側縫在上身固定。

細褶　在上身加入細褶的技巧。

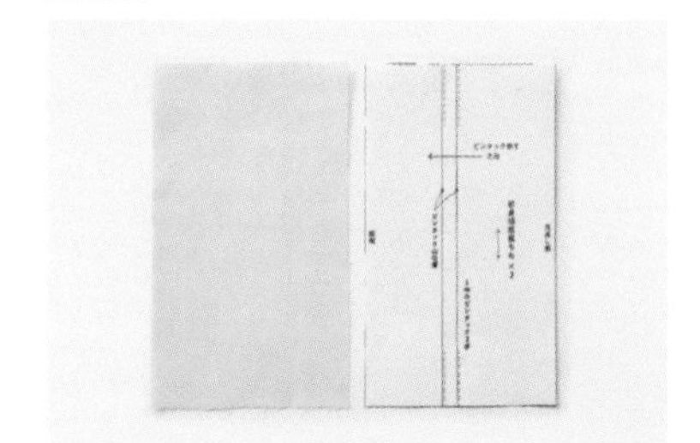

1 準備前上身粗裁用的布料。

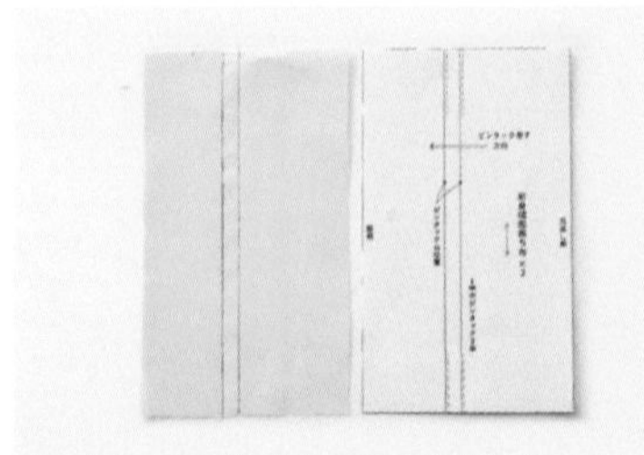

2 依紙型標記細褶的山線位置。

3 依標記沿山線摺出細褶，用熨斗壓燙，縫上縫線。

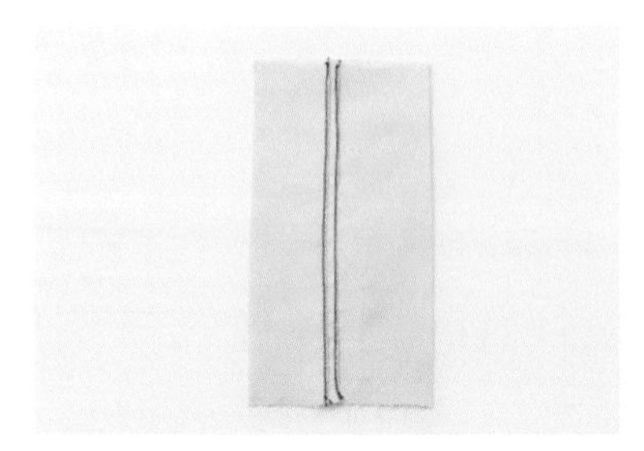

4 沿山線摺出細褶，縫上縫線，用相同方法做出第 2 條。

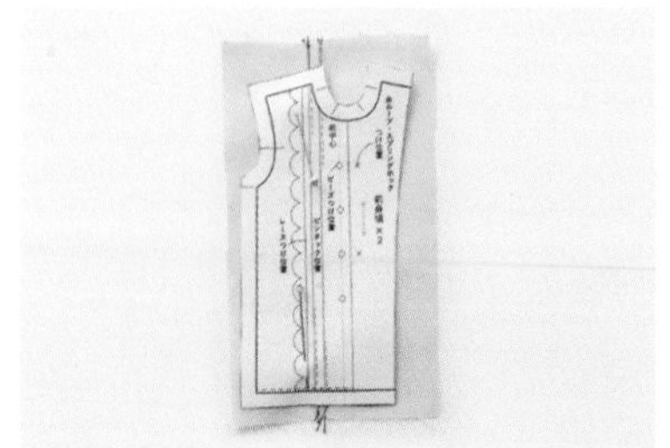

5 將前上身的紙型，放在經過細褶處理的粗裁布料上，標註記號。

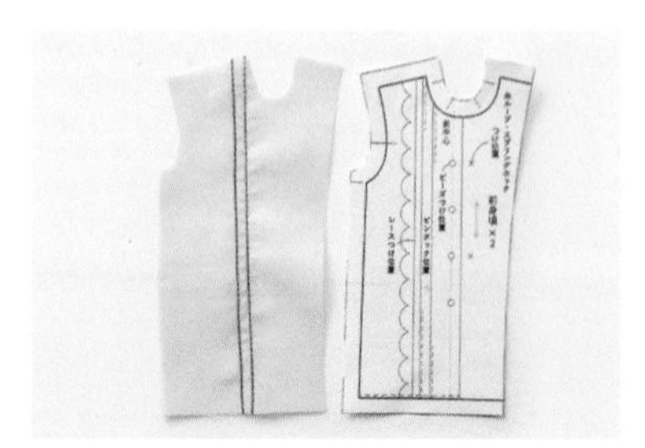

6 依完成線裁剪，塗上防綻液。

熨燙轉印　將原創圖案轉印在 T-shirts 衣物的技巧。

1 將圖案印刷在市售的熨燙轉印紙。

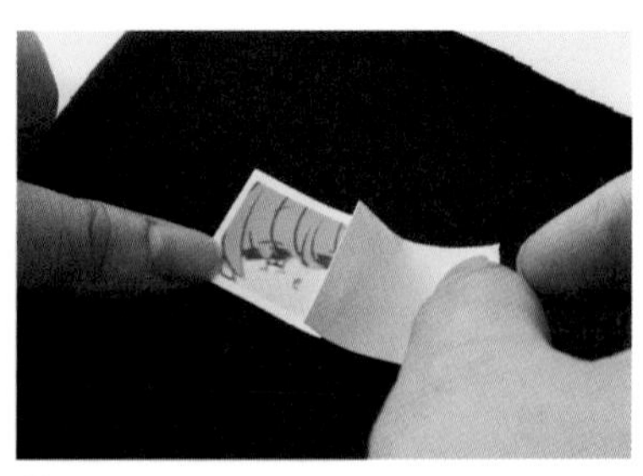

2 剪下比圖案稍大的尺寸，撕除離型紙。

3 隔著燙衣布，用熨斗輕輕壓燙。

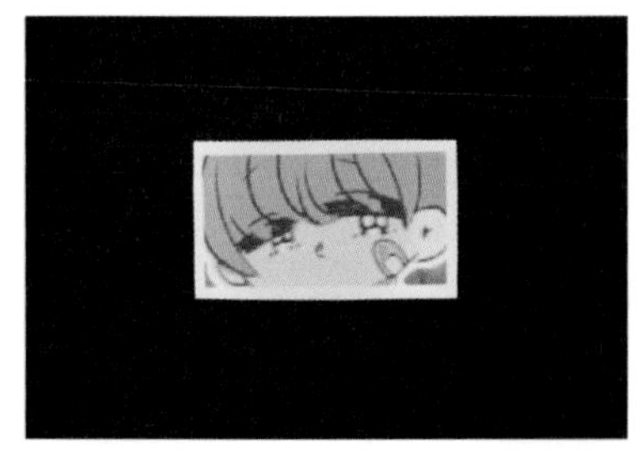

4 完成
※作法有時會因熨燙轉印紙而有所不同。請參考說明書使用。

©apo

將資料以 100% 的比例掃描，存入電腦當圖像使用。

How to make

接下來是本書收錄的服裝作法和紙型頁面。
本書設計了 6 種尺寸的紙型，
包括 11cm、20cm、22cm、27cm、24cm、28&29cm 的尺寸。

關於各種尺寸適合的娃娃

以下介紹書中各種尺寸分別適合哪些娃娃。
襪子、褲襪和窄管褲，如果穿在標準模特娃以外的娃娃，可能有難以穿脫的情況。

11cm

11cm 尺寸的標準模特娃是 OB11 素體，
也適合黏土娃穿著，但是有些可能無法穿上窄管褲。

20cm

20cm 尺寸的標準模特娃是 pureneemo XS 素體，
男女素體皆適合，也適合 LiccA 和 Blythe 穿著。

22cm

22cm 尺寸的標準模特娃是 pureneemo S 素體和 Blythe。
男女素體皆適合，也適合 LiccA 穿著。
對 pureneemo XS 素體來說，穿起來偏大，大約多 1cm 的長度。

24cm

24cm 尺寸的標準模特娃是 OB24 素體 S 胸，
也適合 pureneemo M 穿著。

27cm

27cm 尺寸的標準模特娃是 momokoDOLL 和 U-noa Quluts light。
除了部分娃娃，男女素體皆適合。
也適合 JeNny 穿著，但是針織帽和窄管褲有點小。
也適合 MISAKI 穿著，但是整體來說都偏小，無法穿上三扣西裝外套穿搭的襯衫。

28 & 29cm

28&29cm 尺寸的標準模特娃是六分之一男子圖鑑。
EIGHT 和 NINE 皆適合。

P.18 ● OB11 素體

連身穿搭

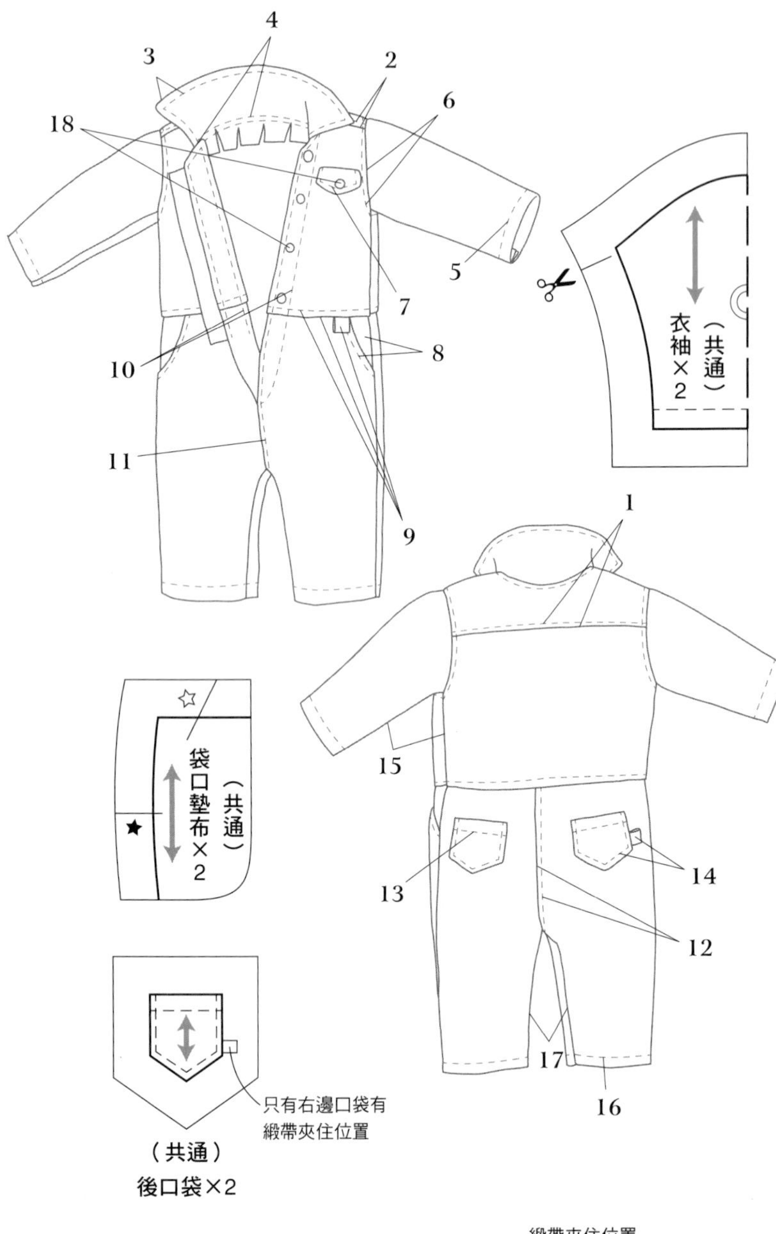

連身　褲裝

材料

棉質條紋布　30cm×20cm
魔鬼氈　0.8cm×3.5cm
直徑 2mm 燙片　6 個

作法

1. 後上身和抵肩正面相對縫合，縫份往抵肩倒。
2. 前上身和抵肩正面相對縫合，縫份往抵肩倒，在邊緣加上縫線。
3. 衣領正面相對縫合，修剪多餘縫份，剪去邊角，翻回正面加上縫線。
4. 將衣領依記號用珠針固定在上身，用前貼邊布夾住縫合領圍，在縫份各處剪出牙口，翻回正面，用熨斗燙平。
5. 依完成線摺袖口，加上縫線。
6. 衣袖和上身正面相對縫合，縫份往上身倒，加上縫線。
7. 依完成線摺掀蓋，加上縫線，縫在指定位置。
8. 依完成線摺前褲片袋口，加上縫線，用珠針固定袋口墊布。
9. 前上身左右分別與步驟 8 正面相對縫合腰部，縫份往上身倒，加上縫線。
   ※在左邊指定位置夾住剪成 1.5cm 的對摺緞帶縫合。
10. 用布用接著劑將魔鬼氈暫時固定在指定位置，從右邊魔鬼氈起～前端～領圍，縫至另一側前端的開口止點，也在左前褲片加上裝飾縫線。
11. 左前褲片的縫份剪出 2 個牙口，塗上布用接著劑，與右前褲片的縫份相黏，往左褲片倒，在邊緣加上縫線。
12. 後褲片正面相對縫合後中心，縫份往右褲片倒，加上縫線。
13. 依完成線摺後口袋，加上縫線。

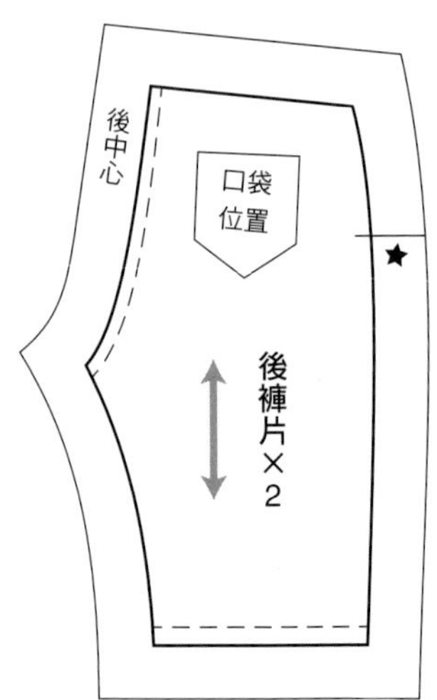

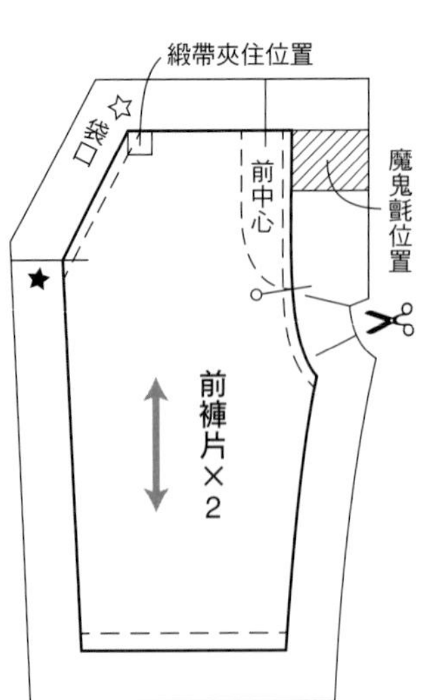

14. 依完成線摺口袋周圍，縫在指定位置。
    ※在右口袋指定位置夾住剪成 1.5cm 的對摺緞帶縫合。

15. 前後上身正面相對接續縫合側邊～衣袖下方，在縫份剪出牙口，用熨斗將縫份攤開燙平。

16. 依完成線摺褲襬，加上縫線。

17. 褲片部份的前後正面相對縫合股下，翻回正面。

18. 將燙片黏在指定位置。

連身　裙裝

材料

棉質條紋布　30cm×20cm
魔鬼氈　0.8cm×3.5cm
直徑 2mm 燙片　6 個

作法

步驟 1～7 與褲裝的作法相同。

8. 依完成線摺前裙片袋口，加上縫線，用珠針固定袋口墊布。

9. 前上身左右分別與步驟 8 正面相對縫合腰部，縫份往上身倒，加上縫線。
   ※在左邊指定位置夾住剪成 1.5cm 的對摺緞帶縫合。

10. 用布用接著劑將魔鬼氈暫時固定在指定位置，從右邊魔鬼氈起～前端～領圍，縫至另一側前端的開口止點，也在左前裙片加上裝飾縫線。

11. 在左前裙片的開口止點下的縫份塗上布用接著劑，與右前裙片的縫份相黏，並在邊緣加上縫線。

12. 後上身裙片正面相對縫合後中心，縫份往右裙片倒，加上縫線。

13. 依完成線摺後袋口，加上縫線。

14. 依完成線摺口袋周圍，縫在指定位置。
    ※在右口袋指定位置夾住剪成 1.5cm 的對摺緞帶縫合。

15. 依完成線摺前後裙襬，加上縫線。

16. 前後上身正面相對接續縫合側邊～衣袖下方，在縫份剪出牙口，用熨斗將縫份攤開燙平，翻回正面。

17. 將燙片黏在指定位置。

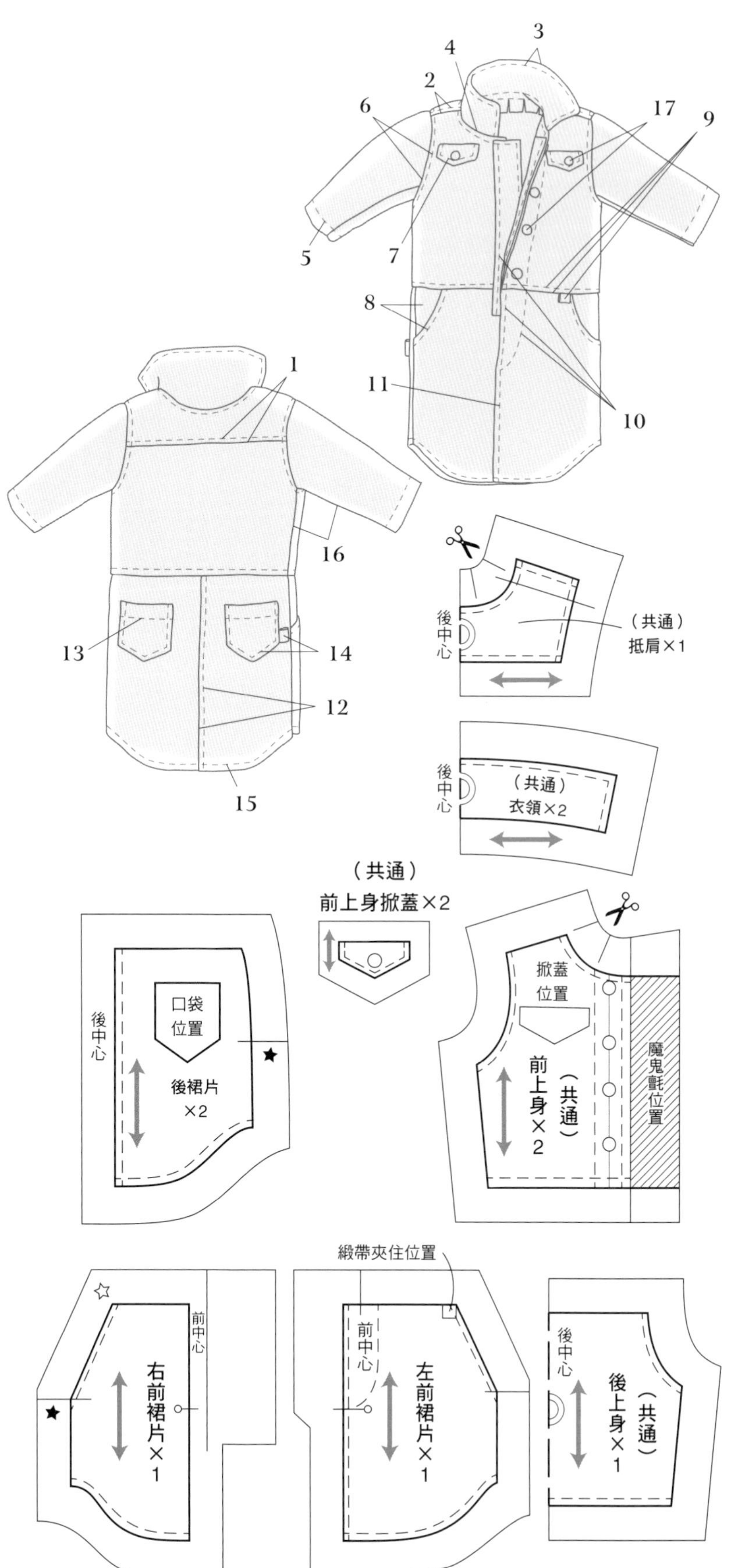

P.16 ● OB11 素體

巴爾瑪肯大衣穿搭

巴爾瑪肯大衣

材料

中厚棉布料　22cm×16cm
直徑 5mm 鈕扣　3 顆
0 號風紀扣公扣　2 個

作法

1. 衣領正面相對縫合，修剪多餘縫份，剪去邊角，翻回正面，周圍加上縫線。
2. 上身正面相對縫合肩線，用熨斗將縫份攤開燙平。
3. 上身和衣領正面相對，用前貼邊布夾住縫合領圍，在縫份各處剪出牙口。
4. 前貼邊布下襬正面相對縫合，與領圍一起翻回正面。
5. 依完成線摺箱形口袋、再對摺，用布用接著劑黏合縫份，只在袋口加上縫線。
6. 將箱形口袋縫在指定位置，往側邊倒，在兩側加上縫線固定。
7. 依完成線摺袖口，加上縫線。
8. 衣袖和上身正面相對縫合，縫份往衣袖倒。
9. 前後上身正面相對接續縫合側邊～衣袖下方，在側邊縫份剪出牙口，再用熨斗將縫份攤開燙平，翻回正面。
10. 依完成線摺衣襬，接續在領圍～前端～衣襬加上縫線。
11. 將鈕扣、風紀扣和繩扣縫在指定位置。

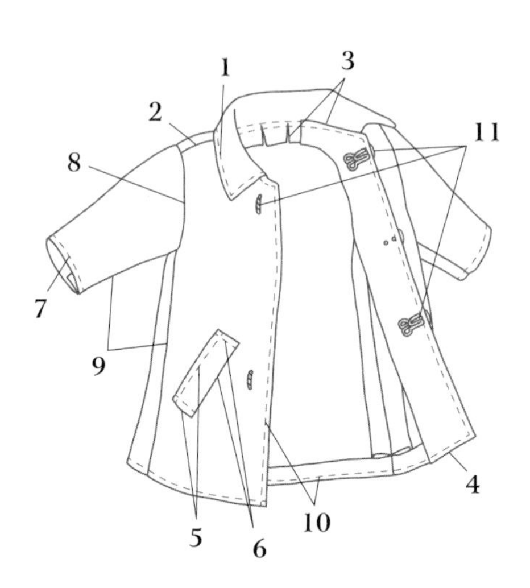

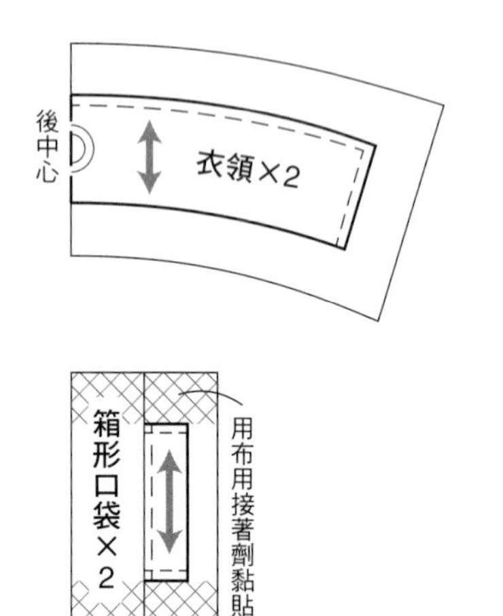

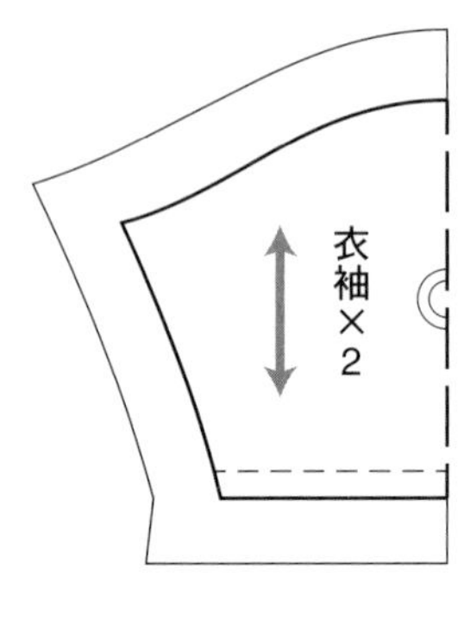

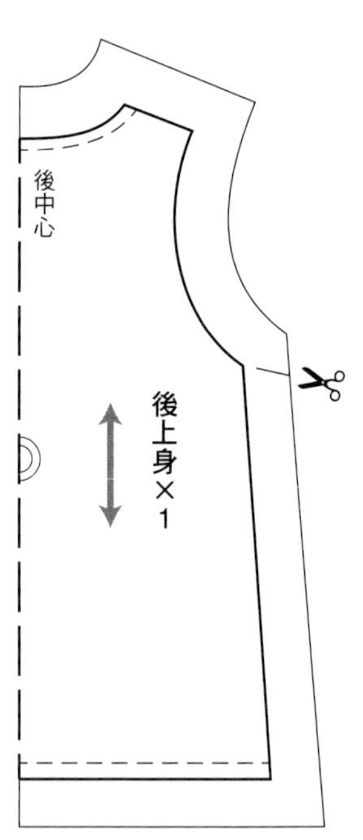

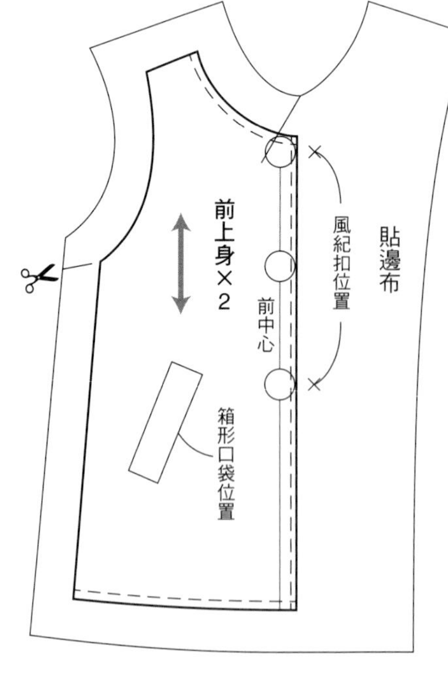

長袖針織布衫

材料

橫紋天竺棉　17cm×7cm
黃色天竺棉（領圍羅紋用）　5cm×2cm
魔鬼氈　1.5cm×4cm

作法

1. 前後上身正面相對縫合肩線，用熨斗將縫份攤開燙平。
2. 上身和領圍羅紋依記號正面相對縫合，修剪多餘縫份，像用羅紋包覆縫份般，用珠針固定，從正面在羅紋邊緣加上縫線。
3. 依完成線摺袖口，加上縫線。
4. 衣袖和上身正面相對縫合，縫份往衣袖倒。
5. 前後上身正面相對接續縫合側邊～衣袖下方，在側邊縫份剪出牙口，再用熨斗將縫份攤開燙平，翻回正面。
6. 依完成線摺衣襬，加上縫線。
7. 將魔鬼氈暫時固定在後中心，在後開口加上縫線。

11 尺寸　窄管褲

材料

中厚棉布料　20cm×9cm
直徑 2mm 燙片　1 個

作法

1. 前褲片正面相對縫合股上，縫份往左褲片倒，加上裝飾縫線。
2. 在前褲片袋口的縫份各處剪出牙口，依完成線摺起，加上縫線。
3. 前後褲片正面相對，依記號重疊袋口墊布，縫合側邊，縫份往後倒。
4. 依完成線摺褲襬，加上縫線。
5. 褲片和腰帶正面相對縫合，修剪多餘縫份，像用腰帶包覆縫份般，用珠針固定，在腰帶上下邊緣加上縫線。
6. 依完成線摺後褲片袋口，加上縫線，依完成線摺周圍，將口袋縫在指定位置。
7. 後中心正面相對縫合股上，用熨斗將縫份攤開燙平，並在腰帶部分雙邊壓縫。
8. 前後褲片正面相對縫合股下。
9. 將燙片黏在腰帶。

※穿脫褲子時，需先拆掉娃娃的腳。

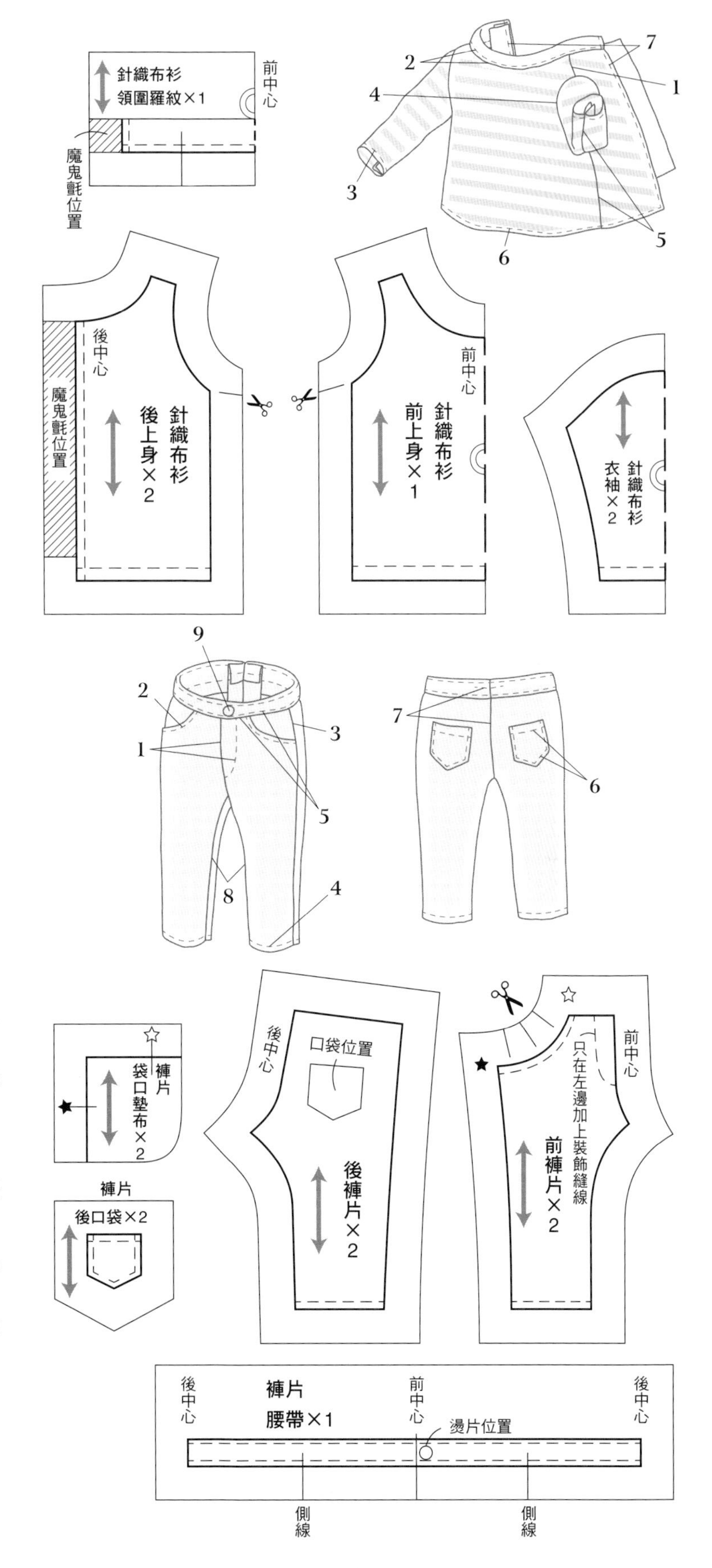

P.16 ● OB11 素體

布勞森夾克穿搭

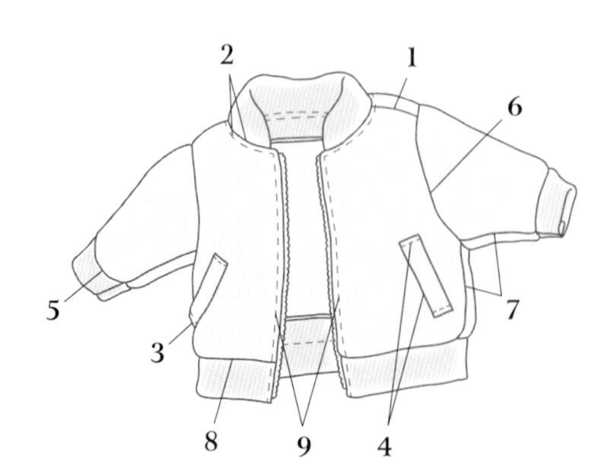

布勞森夾克

材料

中厚棉布料　22cm×10cm
薄圓邊針織布（衣領羅紋、袖口羅紋、衣襬羅紋用）　24cm×4cm
拉鍊　3.5cm

作法

1. 前後上身正面相對縫合肩線，用熨斗將縫份攤開燙平。
2. 領圍羅紋對摺，依記號和上身正面相對，用前貼邊布夾住縫合，在上身縫份各處剪出牙口，縫份往上身倒，在邊緣加上縫線。
3. 依完成線摺箱形口袋兩側、再對摺，用布用接著劑黏合縫份。
4. 將步驟 3 縫在上身指定位置，在箱形口袋兩側加上縫線。
5. 袖口羅紋對摺，和衣袖正面相對縫合，縫份往衣袖倒。
6. 衣袖和上身正面相對縫合，縫份往衣袖倒。
7. 前後上身正面相對縫合側邊～衣袖下方，在側邊縫份剪出牙口，用熨斗將縫份攤開燙平，翻回正面。
8. 衣襬羅紋對摺，依記號和上身正面相對縫合，縫份往上身倒。
9. 依完成線摺前端，用壓縫將剪成 3.5cm 的拉鍊縫在前端。

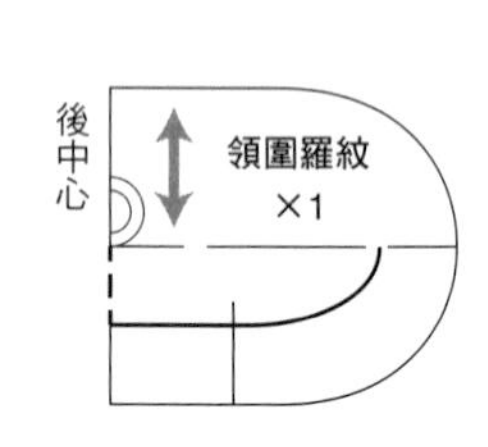

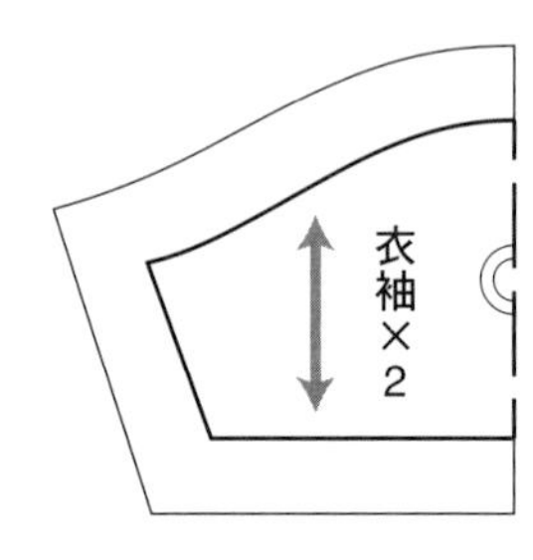

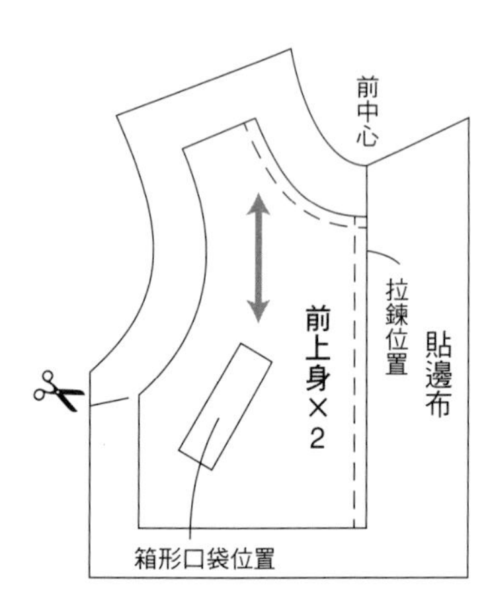

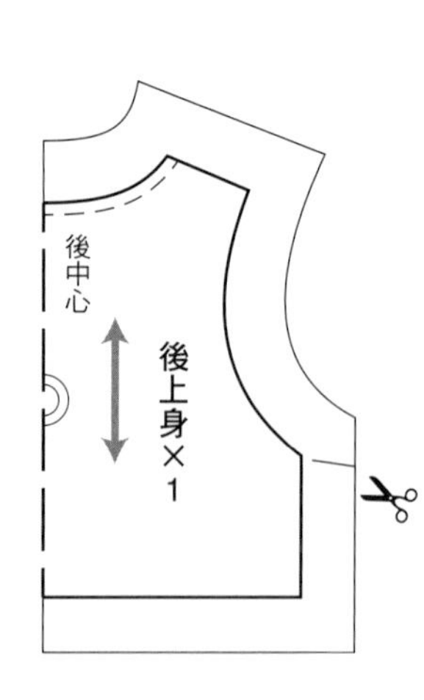

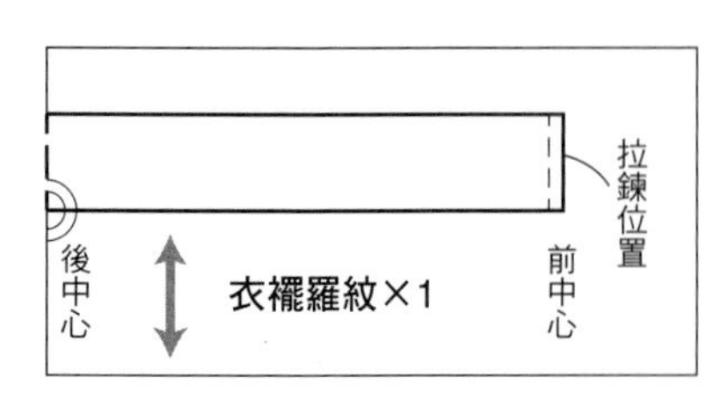

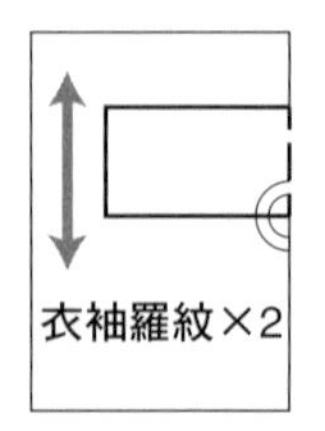

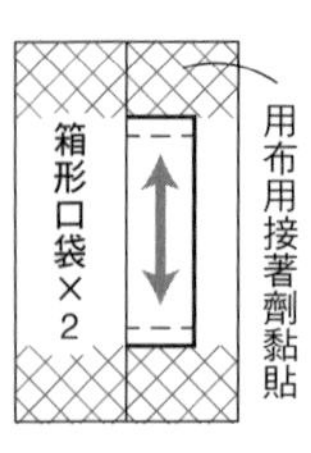

法式針織布衫

材料

條紋天竺棉　12cm×10cm
白色天竺棉（衣領羅紋用）　7cm×2cm
魔鬼氈　1.5cm×3.5cm

作法

1. 在衣袖開口止點的縫份剪出牙口，依完成線摺袖口，加上縫線。
2. 上身和領圍羅紋正面相對縫合，修剪多餘縫份，像用羅紋包覆縫份般，用珠針固定，在邊緣加上縫線。
3. 前後上身正面相對縫合側邊，用熨斗將縫份攤開燙平。
4. 依完成線摺衣襬，加上縫線，翻回正面。
5. 將魔鬼氈暫時固定在後中心，用壓縫將魔鬼氈縫在後開口。

窄裙

材料

中厚棉布料　12cm×8cm
魔鬼氈　1.5cm×1.5cm

作法

1. 縫製後裙片的打褶，縫份往中心倒。
2. 前後裙片正面相對縫合側邊，用熨斗將縫份攤開燙平。
3. 裙片和腰帶正面相對縫合，修剪多餘縫份，像用腰帶包覆縫份般，用珠針固定，在邊緣加上縫線。
4. 在開叉止點的縫份剪出牙口，依完成線摺裙襬和開叉，加上縫線。
5. 將魔鬼氈暫時固定在後中心，用壓縫將魔鬼氈縫在後開口。
6. 從開口止點到開叉止點正面相對縫合後中心，用熨斗將縫份攤開燙平。

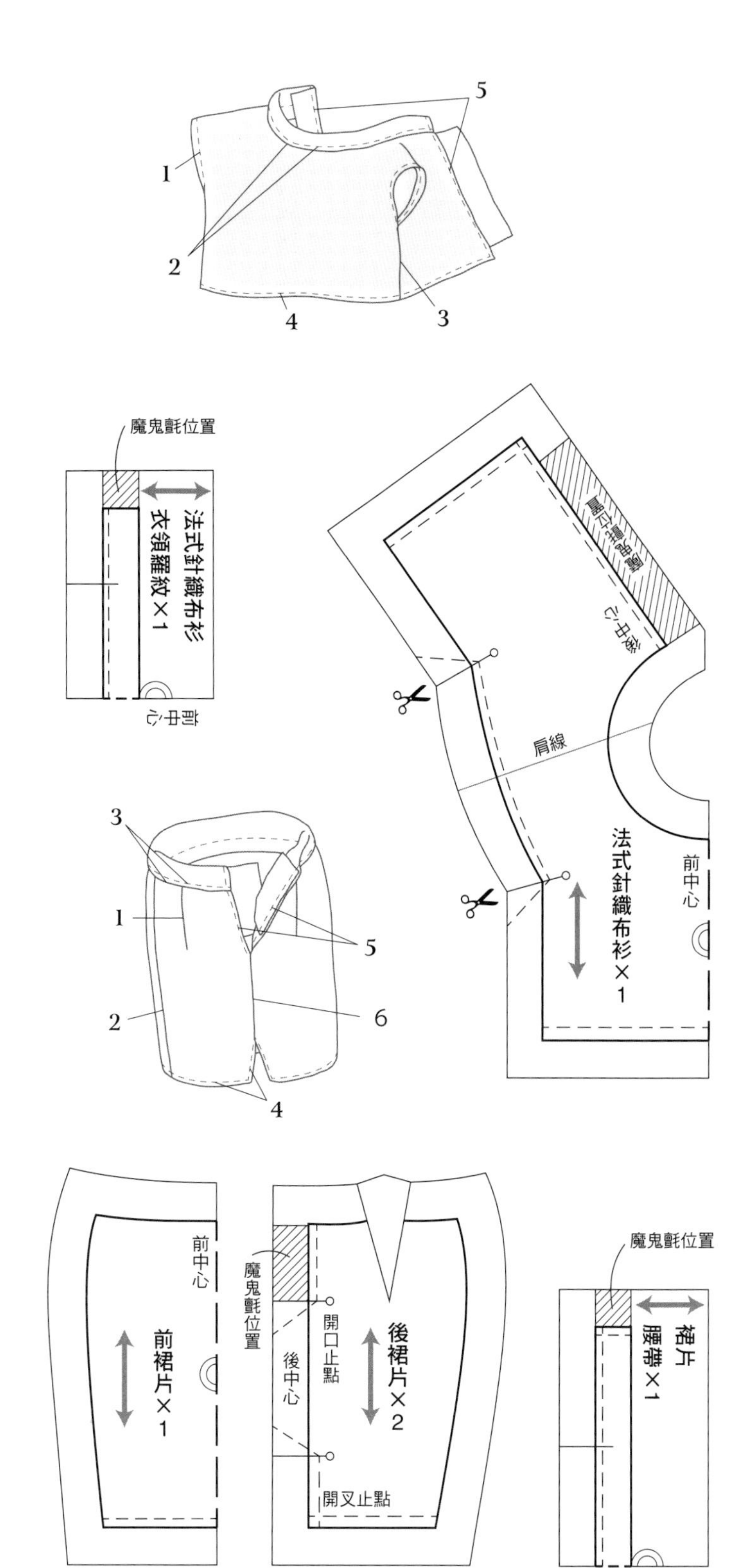

P.13 ● pureneemo S

多層次 T-shirts 穿搭

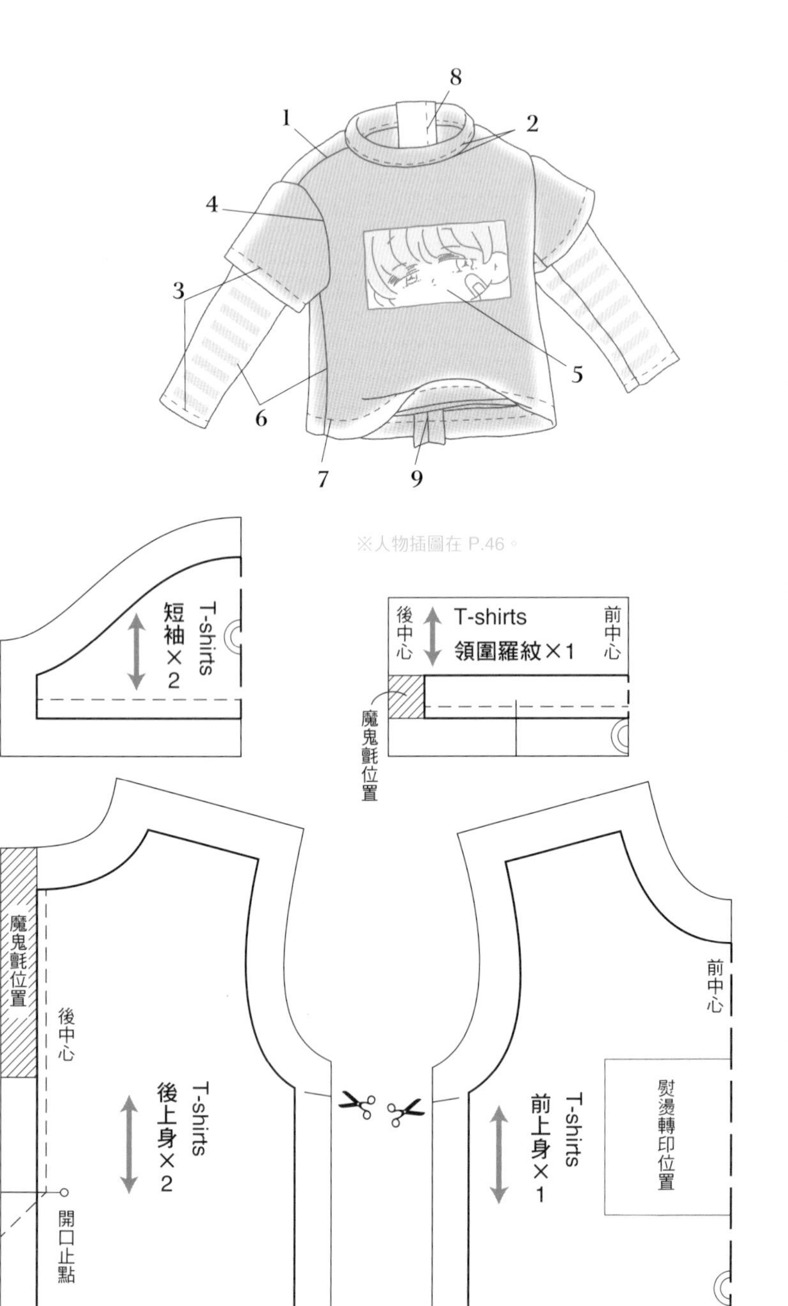

☆刷破牛仔褲的腰帶作法在下一頁

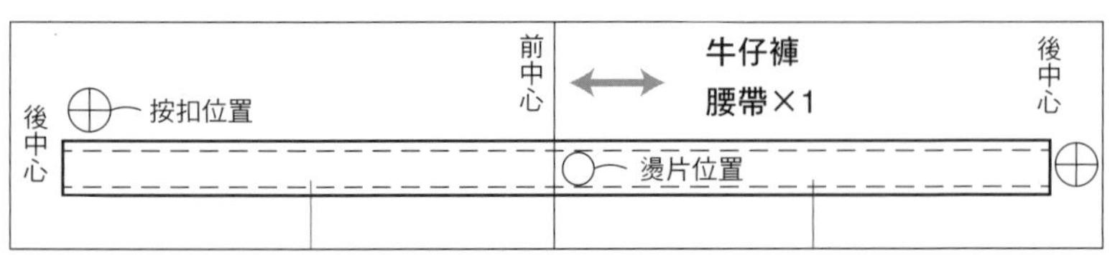

多層次 T-shirts

材料

素面天竺棉　25cm×11cm
橫紋天竺棉　（長袖用）15cm×10cm
魔鬼氈　1.5cm×3cm

作法

1. 前後上身正面相對縫合肩線，用熨斗將縫份攤開燙平。
2. 領圍羅紋和上身正面相對縫合，修剪多餘縫份，像用領圍羅紋包覆縫份般，用珠針固定，在邊緣加上縫線。
3. 依完成線分別摺短袖和長袖的兩邊袖口，加上縫線。
4. 短袖和長袖重疊的狀態下，和上身正面相對縫合，縫份往上身倒。
5. 製作熨燙轉印，牢牢黏在指定位置。
   ※請將人物插圖印刷在熨燙轉印布上使用
6. 前後上身正面相對接續縫合側邊～衣袖下方，在側邊縫份剪出牙口，再用熨斗將縫份攤開燙平，翻回正面。
7. 依完成線摺衣襬，加上縫線。
8. 將魔鬼氈縫在後中心，加上縫線至開口止點。
9. 後上身正面相對縫合開口止點～衣襬，翻回正面。

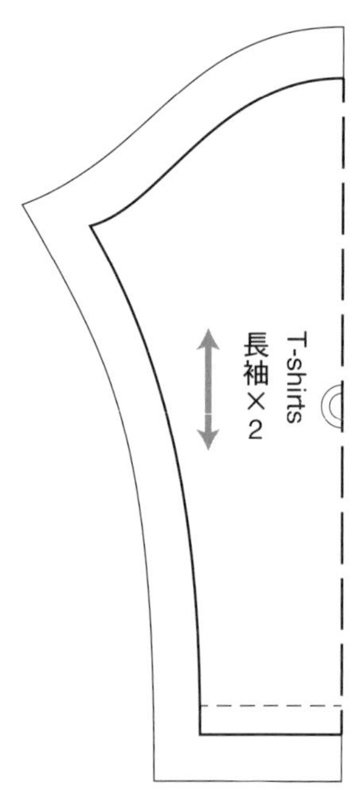

刷破牛仔褲

材料

6 盎司牛仔布料　20cm×15cm
直徑 3mm 燙片　1 個
直徑 5mm 按扣　1 組

作法

1. 前褲片中心正面相對縫合，縫份往左褲片倒，加上裝飾縫線。
2. 依完成線摺前褲片的袋口，加上縫線。
3. 後褲片和後約克正面相對縫合，縫份往後褲片倒，加上縫線。
4. 用珠針將袋口墊布固定在前褲片袋口，前褲片和後褲片正面相對縫合側邊，縫份往後倒，在邊緣加上縫線。
5. 依完成線摺褲襬，加上縫線。
6. 腰帶和褲片依記號正面相對縫合，縫份剪齊成 3mm 左右，縫份往腰帶倒。
7. 依完成線摺右後側腰帶後中心，像包覆縫份般摺腰帶，用珠針固定，在腰帶周圍加上縫線。
8. 依完成線摺後袋口，加上縫線，依完成線摺周圍，將口袋縫在指定位置。
9. 用砂紙磨出刷破感，經水洗後完全晾乾。
10. 正面相對縫合後股上至開口止點，縫份往右褲片倒。
11. 前後褲片正面相對縫合股下，用熨斗將縫份攤開燙平。
12. 翻回正面，用熨斗燙平，將按扣縫在腰帶，將燙片黏在前中心。

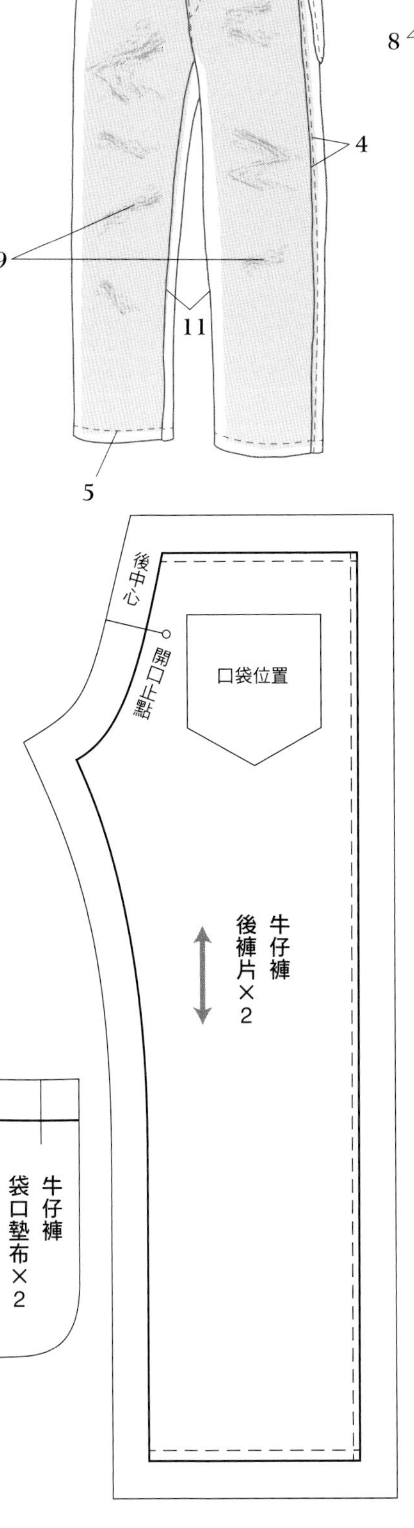

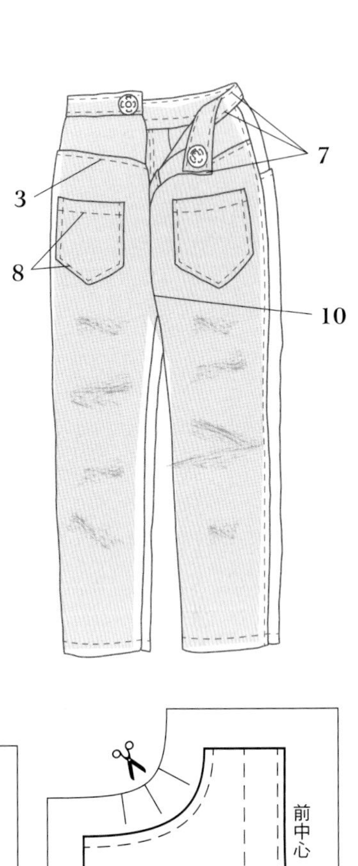

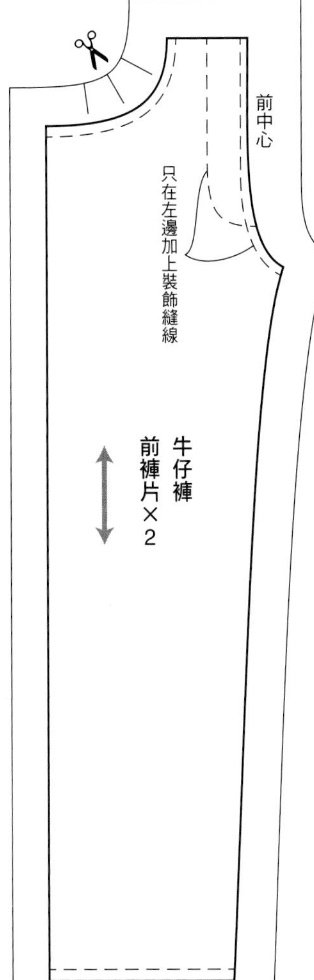

牛仔褲
後口袋×2

牛仔褲
袋口墊布×2

後中心
牛仔褲
後約克×2

P.12 ● pureneemo ×S

傘狀洋裝穿搭

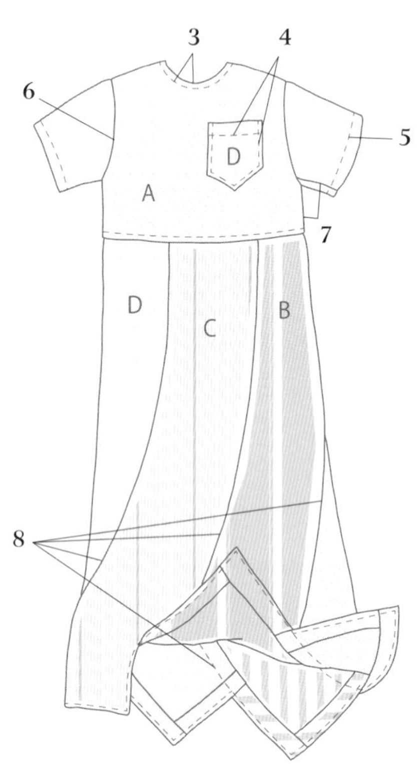

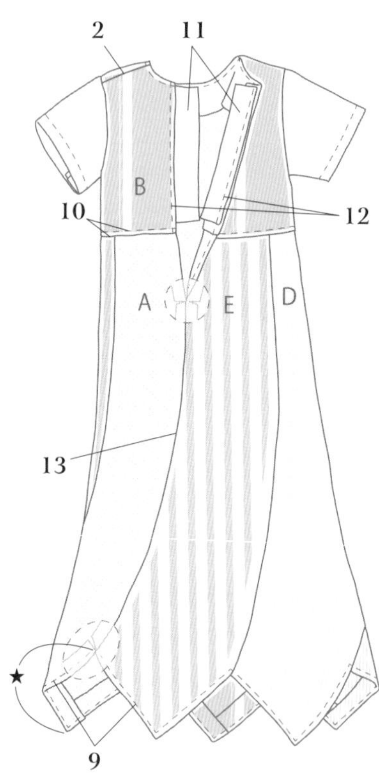

傘狀洋裝

材料

細平棉布 5 種（A、B、C、D、E）
各 10cm×20cm
白色細平棉布（衣袖用） 15cm×5cm
細棉布（領圍貼邊布用） 5cm×5cm
魔鬼氈 1.5cm×4cm

作法

1. 依喜好從 5 種細平棉布裁出前後上身、5 片裙片和左胸口袋。
   ※刊登的作品如插圖縫製布料，請依個人喜好自由組合布料。
2. 前後上身正面相對縫合肩線，用熨斗將縫份攤開燙平。
3. 領圍貼邊布和上身領圍正面相對縫合，在縫份各處剪出牙口，翻回正面，在邊緣加上縫線。
4. 依完成線摺左胸袋口，加上縫線，將口袋縫在上身。
5. 依完成線摺袖口，加上縫線。
6. 衣袖和上身正面相對縫合，縫份往衣袖倒。
7. 前後上身正面相對接續縫合側邊～衣袖下方，在縫份剪出牙口，翻回正面，用熨斗將縫份攤開燙平。
8. 裙片部件（A、B、C、D、E）的衣襬全部依完成線摺好，每 2 片正面相對，依記號用珠針固定縫合，縫份往右邊倒，將 5 片縫合。
   ※在衣襬摺好的狀態下縫合。
9. 只有左後裙片（A）在接縫止點剪出牙口，依完成線摺★的範圍。接連縫 5 片裙片部件的衣襬。
10. 上身和裙片正面相對縫合，縫份往上身倒，在邊緣加上縫線。
11. 將魔鬼氈暫時固定在後開口的指定位置。
12. 在後裙片（A、E）開口止點的縫份剪出牙口，依完成線摺縫份，從上身接續加上縫線。
13. 後裙片 A 和 E 正面相對縫合開口止點～衣襬，翻回正面。

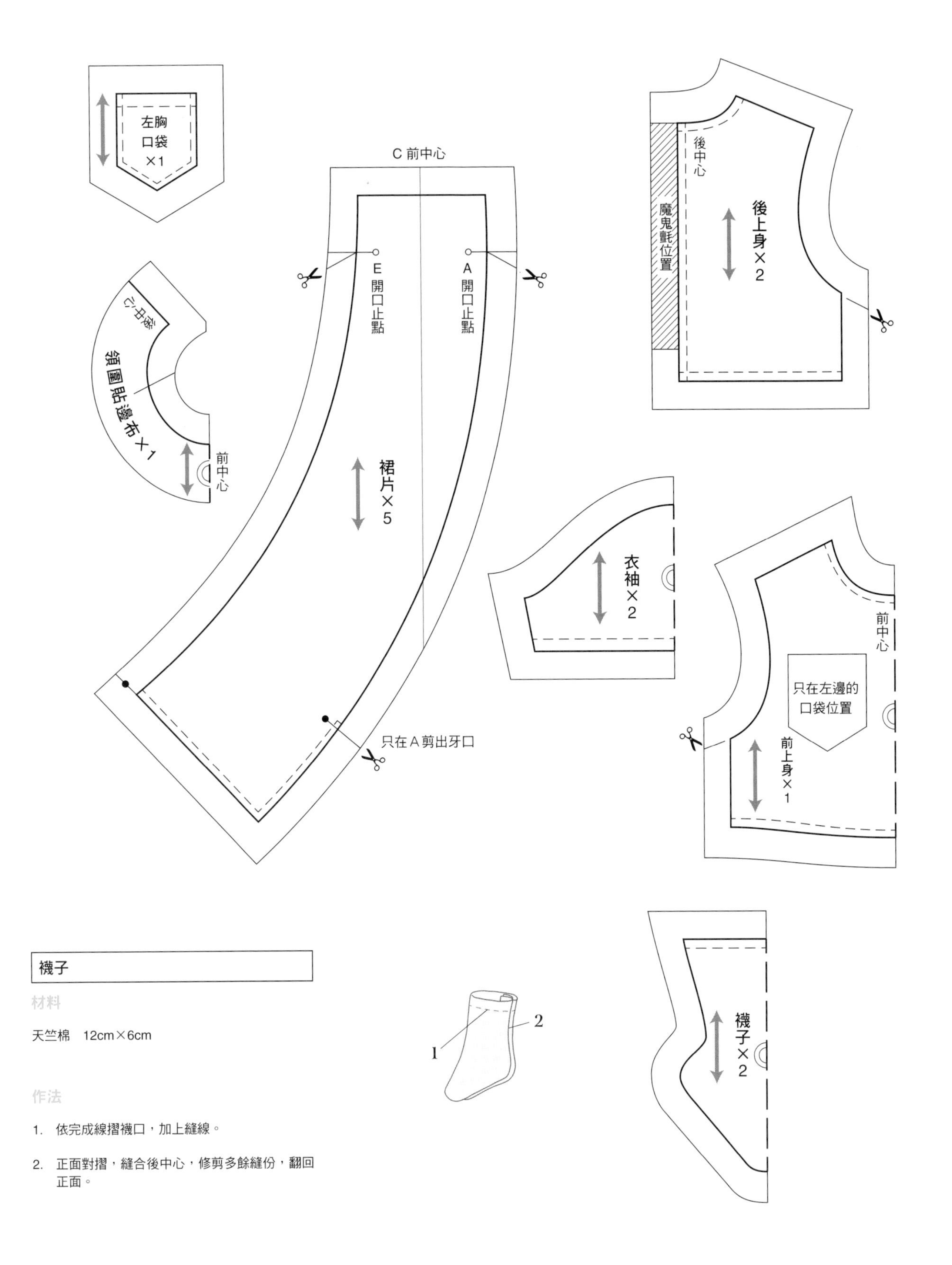

襪子

材料

天竺棉　12cm×6cm

作法

1. 依完成線摺襪口，加上縫線。

2. 正面對摺，縫合後中心，修剪多餘縫份，翻回正面。

色彩繽紛拉鍊衛衣外套

材料

粉紅色平滑針織（上身用）　20cm×10cm
藍色平滑針織（衣袖用）　18cm×9cm
白色平滑針織（衣領、袖口羅紋、衣襬羅紋用）
26cm×4cm
灰色平滑針織（口袋用）　10cm×5cm
7cm 拉鍊　1 條

作法

1. 袖口羅紋對摺，和衣袖正面相對縫合，縫份往衣袖倒。
2. 後上身和衣袖正面相對縫合，用熨斗將縫份攤開燙平。
3. 前上身和衣袖正面相對縫合，用熨斗將縫份攤開燙平。
4. 依完成線摺前袋口，加上縫線。依完成線摺好上方和側邊的縫份後，將口袋縫在指定位置。
5. 領圍羅紋對摺，和上身正面相對縫合，前貼邊布部分和上身將衣領夾住縫合，翻回正面，在領圍加上縫線。
6. 前後上身正面相對接續縫合側邊～衣袖下方，用熨斗將縫份攤開燙平，翻回正面。
7. 衣襬羅紋對摺，和上身正面相對縫合，縫份往上身倒。
8. 依完成線摺前中心，加上拉鍊。

後中心
衣領羅紋×1
後中心
後上身×1
拉鍊位置
前上身×2
貼邊布
口袋位置

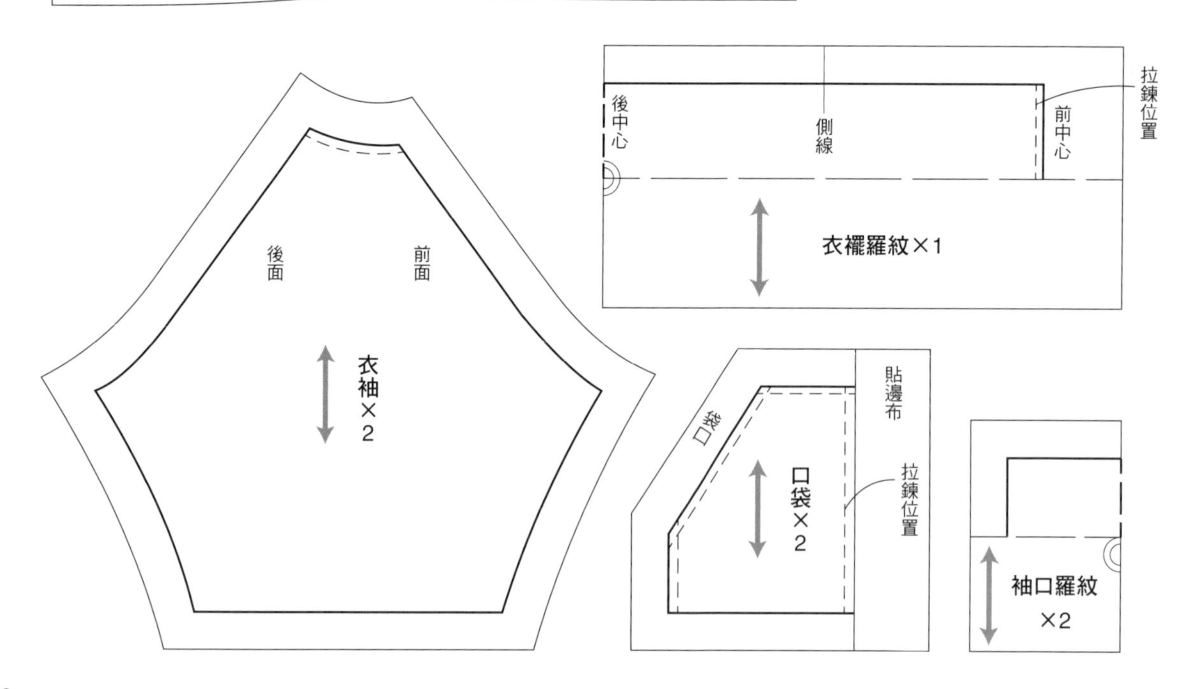

P.14 ● pureneemo ×S

半開襟套頭外套穿搭

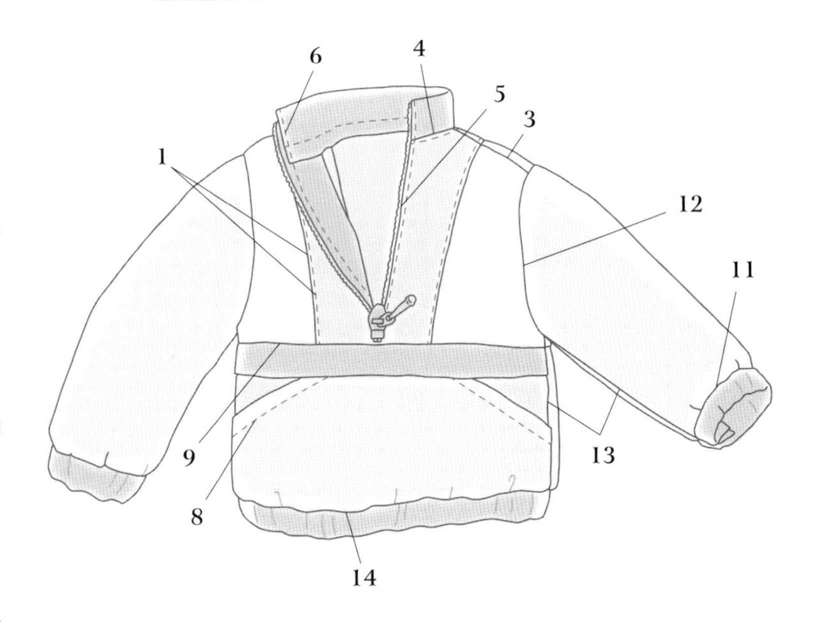

半開襟套頭外套

材料

藍色尼龍布（前上身上下部、後上身上部用）
23cm×7cm
白色尼龍布（前後側邊上部用） 18cm×7cm
粉紅色尼龍布（後上身下部、前口袋、衣袖用）
35cm×7cm
黑色尼龍布（衣領、前上身條帶、衣襬布料、袖口卡夫用） 20cm×10cm
長 50mm 拉鍊 1 條
5mm 寬扁平鬆緊帶 25cm

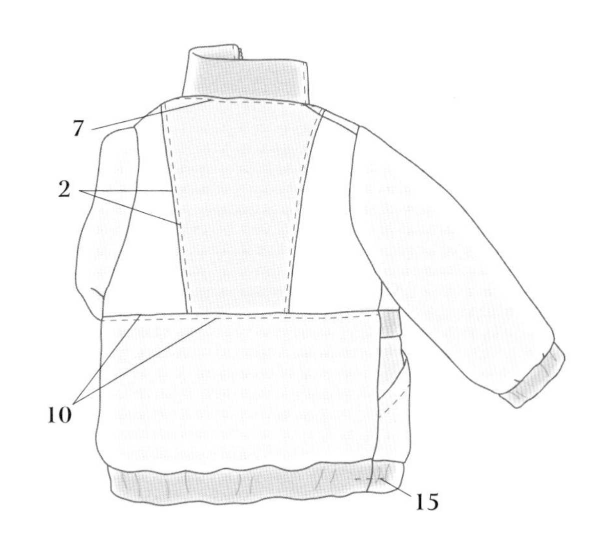

作法

1. 前上身上部和前側邊上部正面相對縫合，縫份往前中心倒，在邊緣加上縫線。
2. 後上身上部和後側邊上部也用相同方法縫合。
3. 前後上身正面相對縫合肩線，用熨斗將縫份攤開燙平。
4. 衣領和上身上部正面相對縫合，在縫份剪出間隔 5mm 的牙口，往衣領倒。
5. 前上身上部中心～衣領前端與拉鍊正面相對縫合，剪去上部多餘的拉鍊。
6. 縫份往前上身上部倒，拉鍊上部斜摺、藏入衣領內側，避免露出，依完成線摺衣領，從正面在前端邊緣加上縫線。
7. 用珠針暫時固定領圍，在周圍加上落機縫。
8. 依完成線摺前上身袋口，加上縫線。
9. 前上身下部和前口袋依記號用珠針固定，在上面疊上對摺的前上身條帶，和前上身上部正面相對縫合，縫份往下倒。
10. 後上身上部和後上身下部正面相對縫合，縫份往下倒，在邊緣加上縫線。
11. 卡夫對摺和衣袖正面相對縫合，將剪成 4.5cm 的扁平鬆緊帶穿過卡夫，兩側暫時固定。
12. 衣袖和上身正面相對縫合，縫份往衣袖倒。
13. 前後上身正面相對縫合一側的側邊～衣袖下方，用熨斗將縫份攤開燙平。
14. 衣襬布料對摺和上身正面相對縫合，將剪成 14cm 的扁平鬆緊帶穿過衣襬布料，兩側暫時固定。
15. 剩餘未縫合的側邊正面相對縫合，再用熨斗將縫份攤開燙平，並且在衣襬雙邊壓縫後翻回正面。

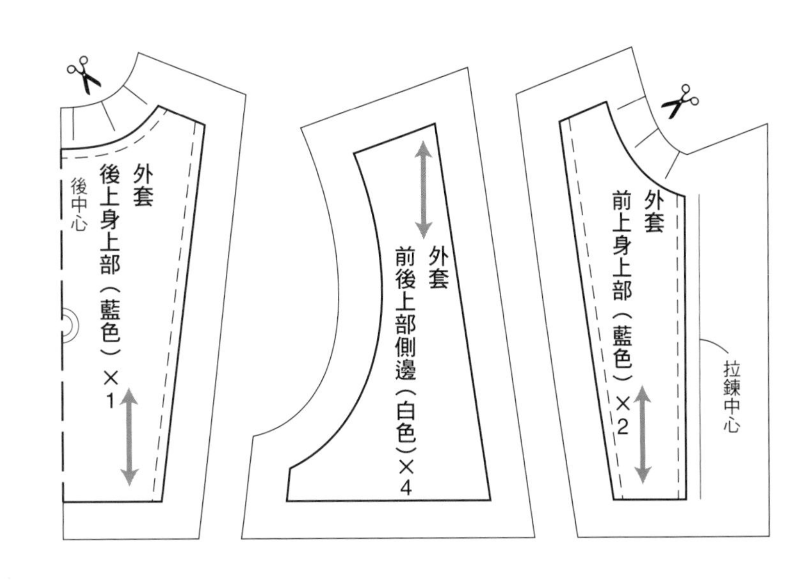

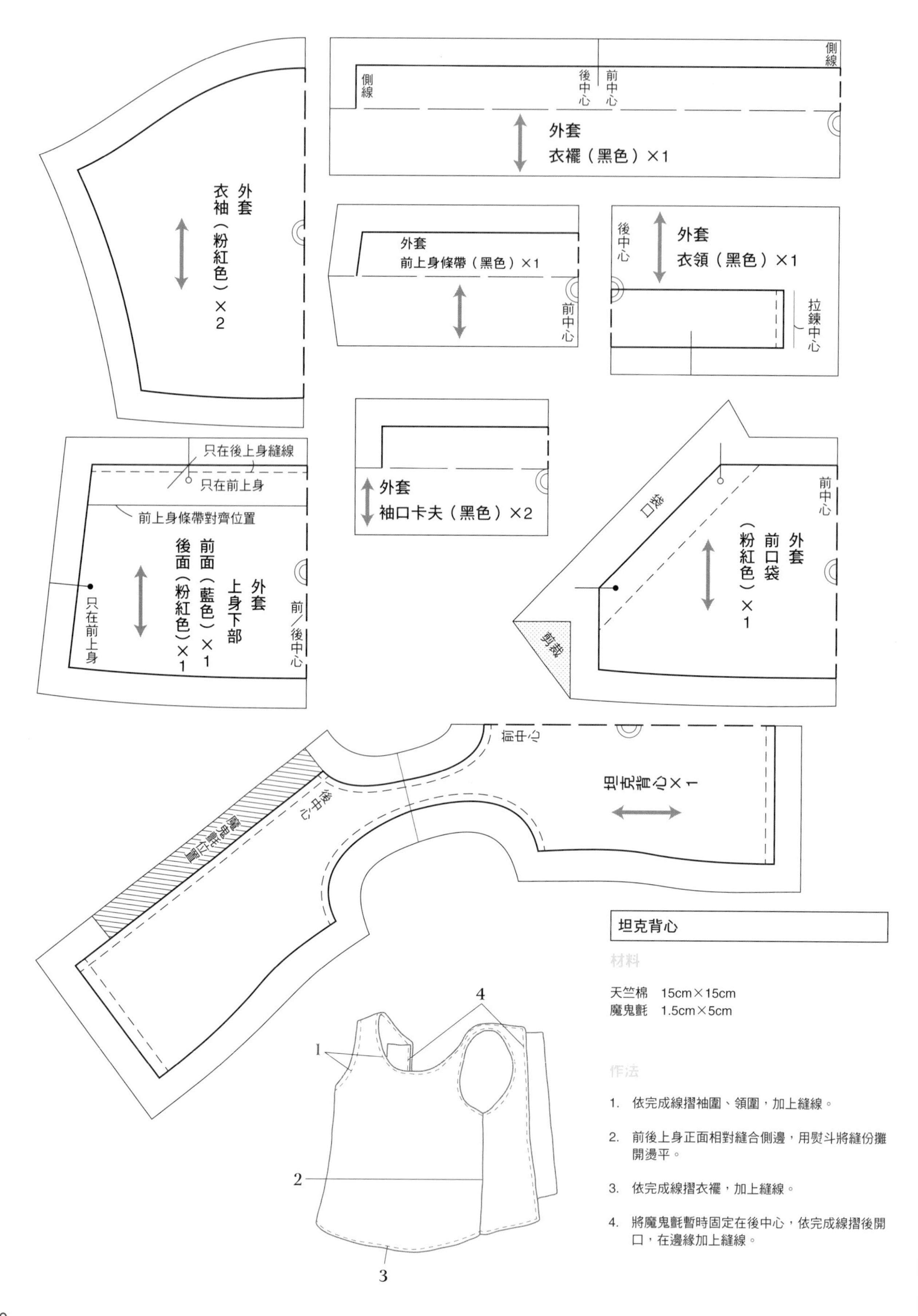

坦克背心

材料

天竺棉　15cm×15cm
魔鬼氈　1.5cm×5cm

作法

1. 依完成線摺袖圍、領圍，加上縫線。
2. 前後上身正面相對縫合側邊，用熨斗將縫份攤開燙平。
3. 依完成線摺衣襬，加上縫線。
4. 將魔鬼氈暫時固定在後中心，依完成線摺後開口，在邊緣加上縫線。

蛋糕裙

材料

黑色細平棉布（腰帶用）　15cm×2.5cm
粉紅色細平棉布（上層裙片用）　20cm×3.5cm
柔軟薄紗（下層裙片用）　30cm×9cm
5mm 寬扁平鬆緊帶　9cm

作法

1. 在下層裙片做出碎褶，和上層裙片正面相縫合，縫份往上倒，加上縫線。
2. 在上層裙片的上部做出碎褶，和對摺的腰帶正面相對縫合，縫份往下倒，中間穿過剪成 9cm 的扁平鬆緊帶，兩側暫時固定。
3. 後中心正面相對縫合，用熨斗將縫份攤開燙平，在腰帶部分的縫份雙邊壓縫後，翻回正面。

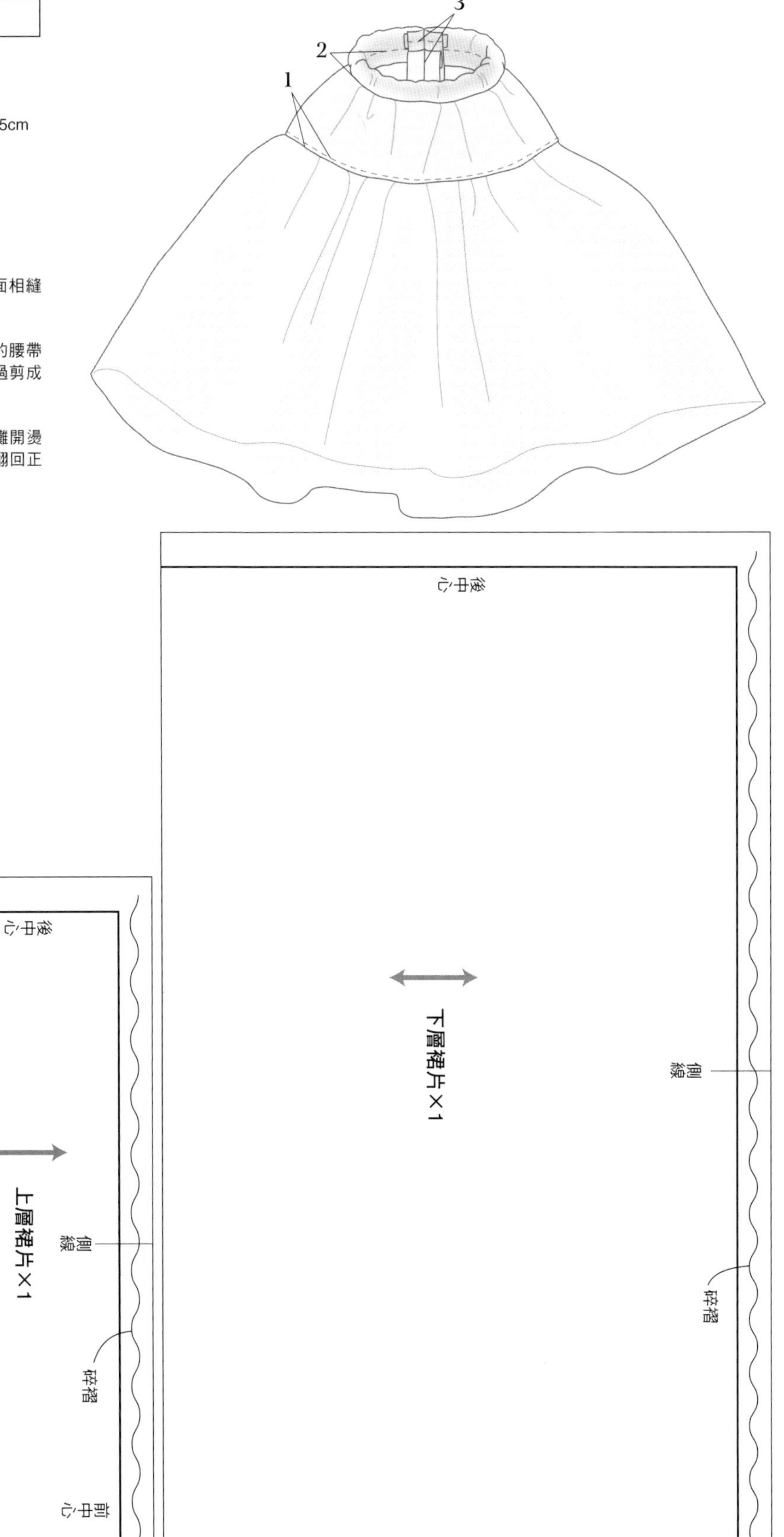

P.15 ● pureneemo ×S

俄羅斯帽穿搭

絨毛袖衛衣

材料

茶色平滑針織（上身和袖口羅紋用）
20cm×10cm
象牙白平滑針織（領圍和衣襬羅紋用）
12cm×6cm
絨毛布料（衣袖用） 20cm×7cm

作法

1. 前後上身正面相對縫合肩線，用熨斗將縫份攤開燙平。
2. 領圍羅紋對摺和上身正面相對縫合，縫份往上身倒，在領圍加上縫線。
3. 袖口羅紋對摺和衣袖正面相對縫合，縫份往衣袖倒。
4. 上身和衣袖正面相對縫合，縫份往衣袖倒。
5. 前後上身正面相對接續縫合側邊～衣袖下方，用熨斗將縫份攤開燙平。
6. 衣襬羅紋對摺和上身正面相對縫合，縫份往上身倒。
7. 後中心依完成線摺至開口止點，加上縫線。
8. 後上身正面相對，從開口止點縫至衣襬，用熨斗將縫份攤開燙平，翻回正面。
9. 將鈕扣和繩扣縫在指定位置。

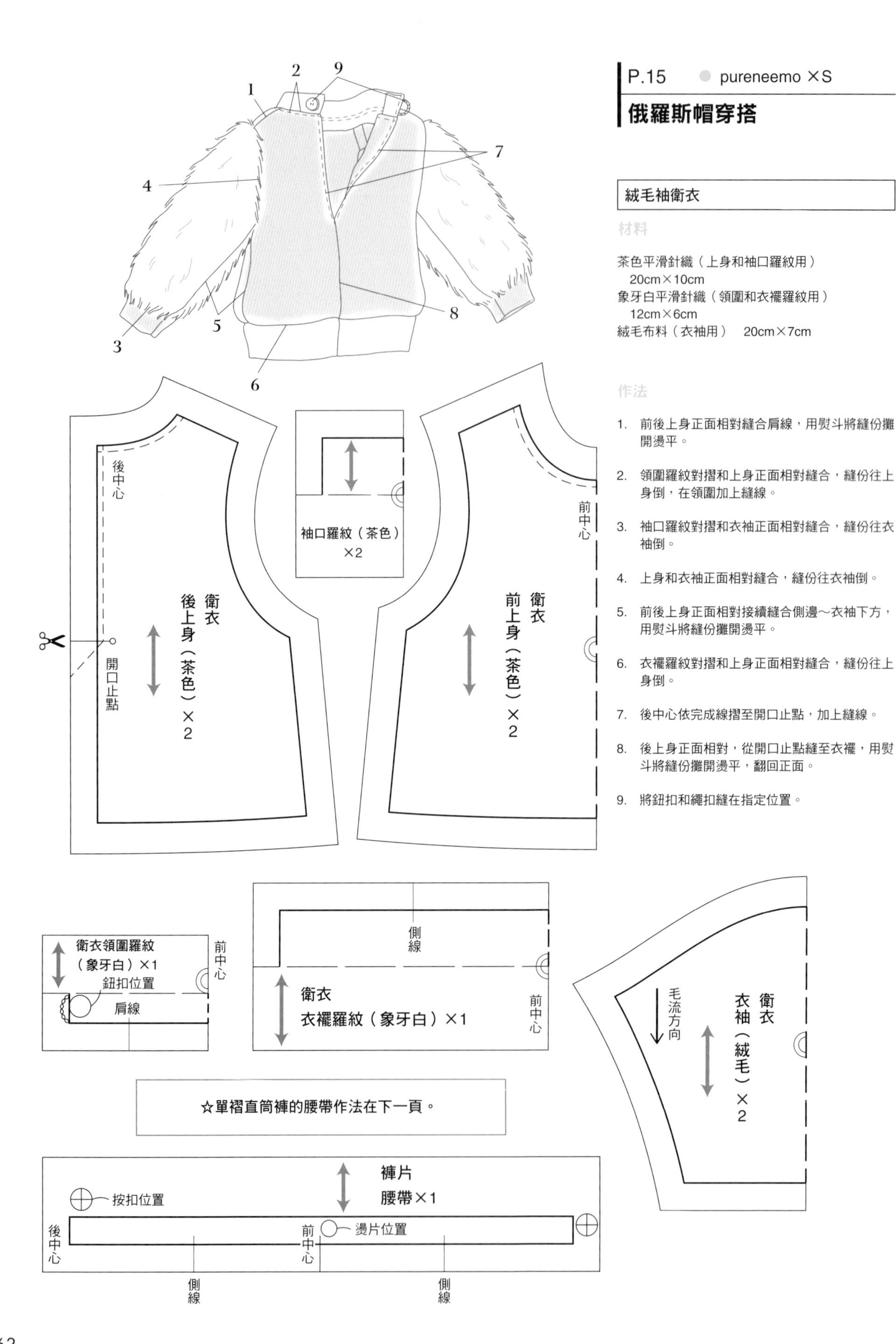

單褶直筒褲

材料

格紋布料　30cm×16cm
直徑 5mm 按扣　1 組
直徑 3mm 燙片　1 個

作法

1. 前褲片正面相對縫合前股上，縫份往左褲片倒，從正面加上裝飾縫線。
2. 依完成線摺前褲片的袋口，加上縫線。
3. 縫製前褲片的打褶，往後中心倒。
4. 用珠針將袋口墊布固定在前褲片袋口，前褲片和後褲片正面相對縫合側邊，用熨斗將縫份攤開燙平。
5. 摺疊前褲片的打褶，用珠針固定，腰帶和褲片正面相對縫合，修剪多餘縫份往腰帶倒。
6. 依完成線摺右後側的腰帶後中心，像包覆縫份般摺腰帶，用珠針固定。
7. 從正面在腰帶和褲片的接縫線邊緣加上隱蔽線。
8. 依完成線摺褲襬，加上縫線，摺成翻邊褲腳。
   ※摺成翻邊褲腳時，請注意不要讓縫線露出表面。
9. 正面相對縫合後股上至開口止點，縫份往右褲片倒。
10. 前後褲片正面相對接續縫合股下，用熨斗將縫份攤開燙平。
    ※這時，在褲襬摺成翻邊褲腳的情況下縫合。
11. 將按扣縫在腰帶，將燙片黏在前中心。

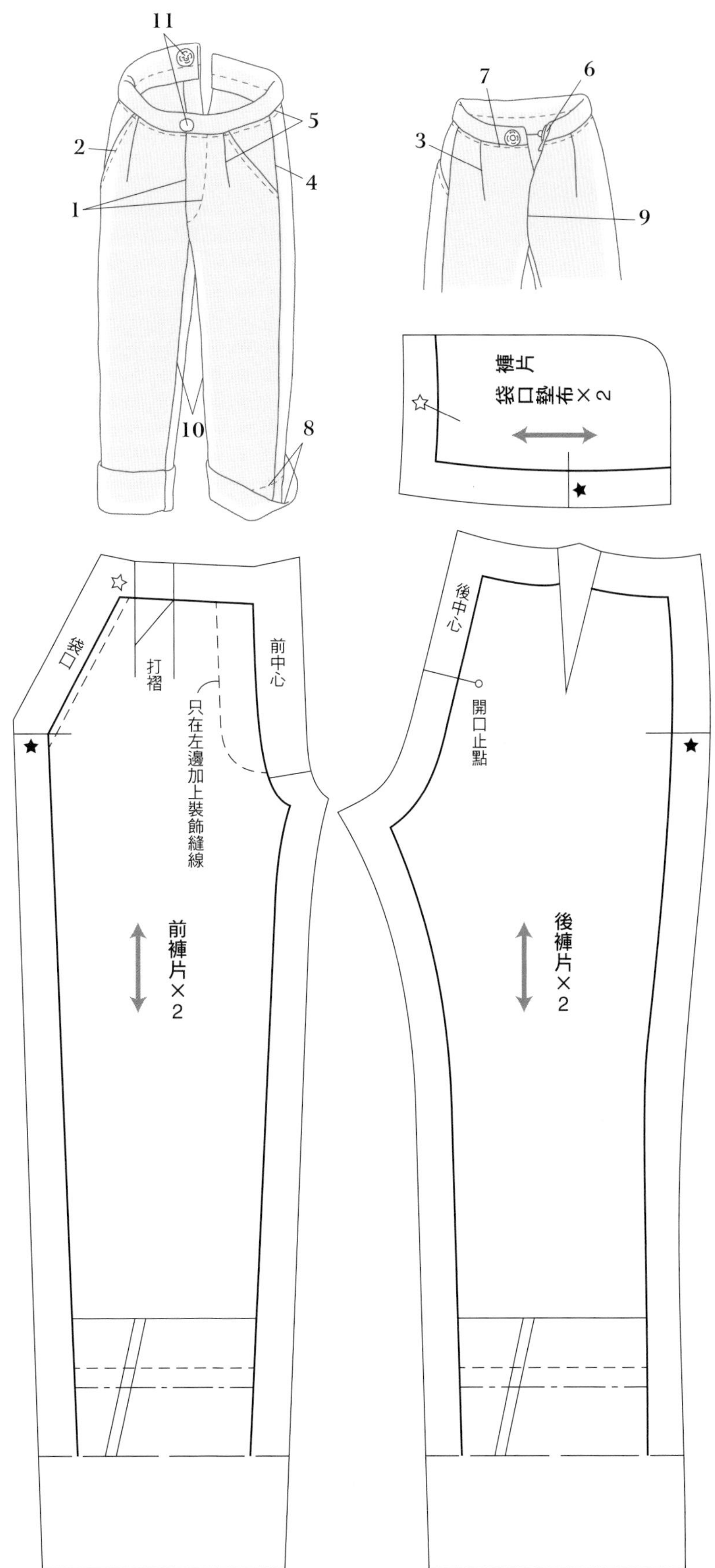

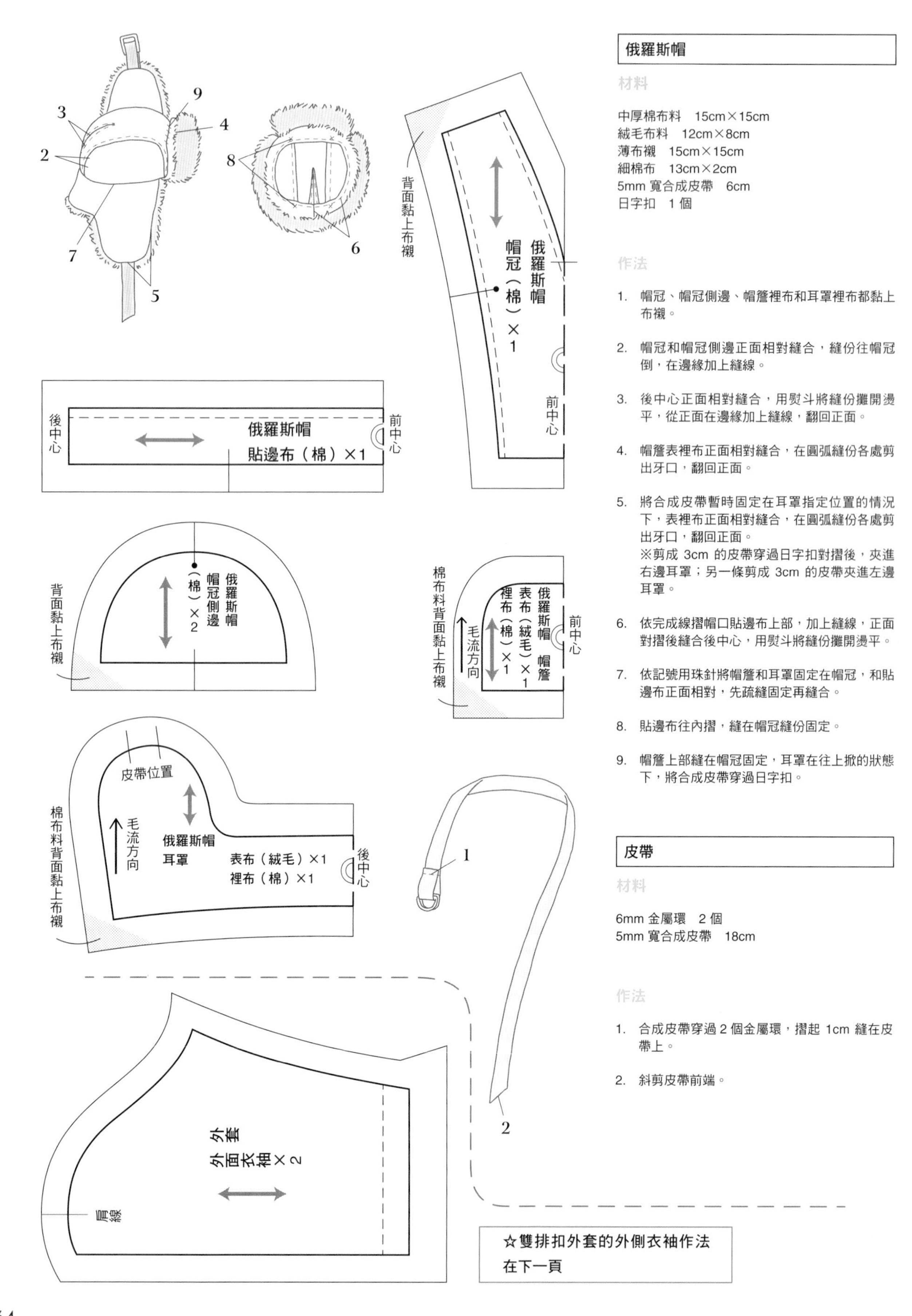

俄羅斯帽

材料

中厚棉布料　15cm×15cm
絨毛布料　12cm×8cm
薄布襯　15cm×15cm
細棉布　13cm×2cm
5mm 寬合成皮帶　6cm
日字扣　1 個

作法

1. 帽冠、帽冠側邊、帽簷裡布和耳罩裡布都黏上布襯。
2. 帽冠和帽冠側邊正面相對縫合，縫份往帽冠倒，在邊緣加上縫線。
3. 後中心正面相對縫合，用熨斗將縫份攤開燙平，從正面在邊緣加上縫線，翻回正面。
4. 帽簷表裡布正面相對縫合，在圓弧縫份各處剪出牙口，翻回正面。
5. 將合成皮帶暫時固定在耳罩指定位置的情況下，表裡布正面相對縫合，在圓弧縫份各處剪出牙口，翻回正面。
   ※剪成 3cm 的皮帶穿過日字扣對摺後，夾進右邊耳罩；另一條剪成 3cm 的皮帶夾進左邊耳罩。
6. 依完成線摺帽口貼邊布上部，加上縫線，正面對摺後縫合後中心，用熨斗將縫份攤開燙平。
7. 依記號用珠針將帽簷和耳罩固定在帽冠，和貼邊布正面相對，先疏縫固定再縫合。
8. 貼邊布往內摺，縫在帽冠縫份固定。
9. 帽簷上部縫在帽冠固定，耳罩在往上掀的狀態下，將合成皮帶穿過日字扣。

皮帶

材料

6mm 金屬環　2 個
5mm 寬合成皮帶　18cm

作法

1. 合成皮帶穿過 2 個金屬環，摺起 1cm 縫在皮帶上。
2. 斜剪皮帶前端。

☆雙排扣外套的外側衣袖作法
在下一頁

P.20 ● Blythe

雙排扣外套穿搭

雙排扣外套

材料

黑色中厚棉布料　50cm×12cm
黃色中厚棉布料　（衣領、口袋用）16cm×8cm
印花細平棉布　（裡布用）12cm×10cm
直徑 6mm 鈕扣　4 顆
0 號風紀扣　2 個

作法

1. 衣領正面相對縫合，修剪多餘縫份，剪去邊角，翻回正面。
2. 前後上身正面相對縫合肩線，用熨斗將縫份攤開燙平。
3. 前貼邊布和前貼邊布下襬正面相對縫合，用熨斗將縫份攤開燙平。
4. 前貼邊布和前面側邊裡布正面相對縫合，縫份往側邊倒。
5. 步驟 4 和後上身裡布正面相對縫合肩線，縫份往後上身倒。
6. 表布和裡布上身夾住衣領，用珠針固定，接續縫合貼邊布下襬～前開口～領圍～另一側貼邊布下襬，修剪多餘縫份，剪去邊角，在領圍縫份各處剪出牙口，翻回正面。
7. 依完成線摺箱形口袋兩端，再對摺，用布用接著劑黏合縫份。
8. 將步驟 7 縫在指定位置，往上摺，兩側用邊縫縫在上身。
9. 外側衣袖和內側衣袖正面相對縫合，縫份往外側衣袖倒。
10. 依完成線摺袖口，加上縫線。
11. 衣袖和上身正面相對縫合，縫份往衣袖倒。
12. 前後上身正面相對接續縫合側邊～衣袖下方，在側邊縫份剪出牙口，再用熨斗將縫份攤開燙平，翻回正面。
13. 裡布側邊也正面相對縫合，用熨斗將縫份攤開燙平，翻回正面。
14. 依完成線摺上身衣襬，用熨燙接著膠帶黏合。
15. 只將裡布衣襬後上身部份用邊縫縫在上身衣襬，將裡布前面衣襬摺起平順貼合。
16. 將鈕扣、風紀扣和繩扣縫在指定位置。
17. 將裡布袖圍縫在表布肩線和衣袖下方縫份。

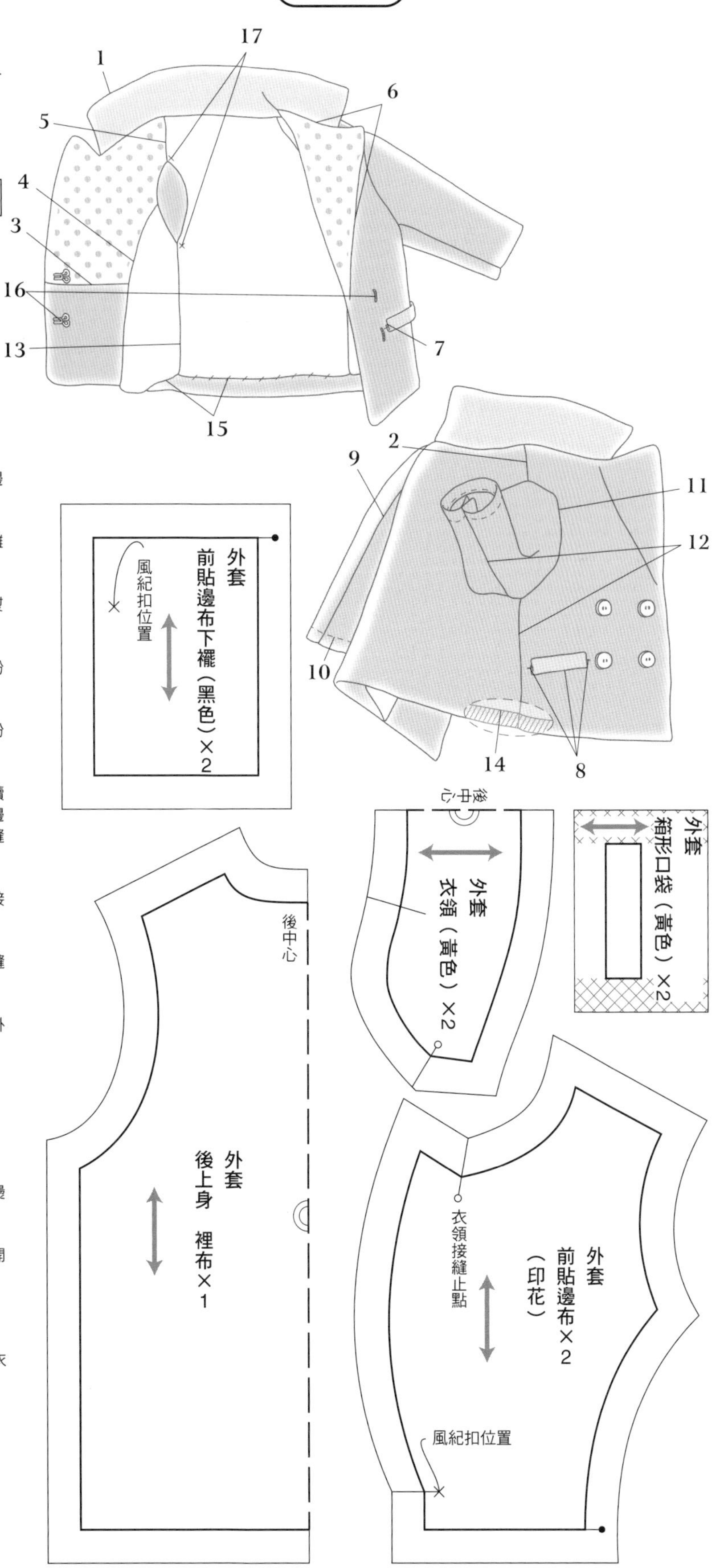

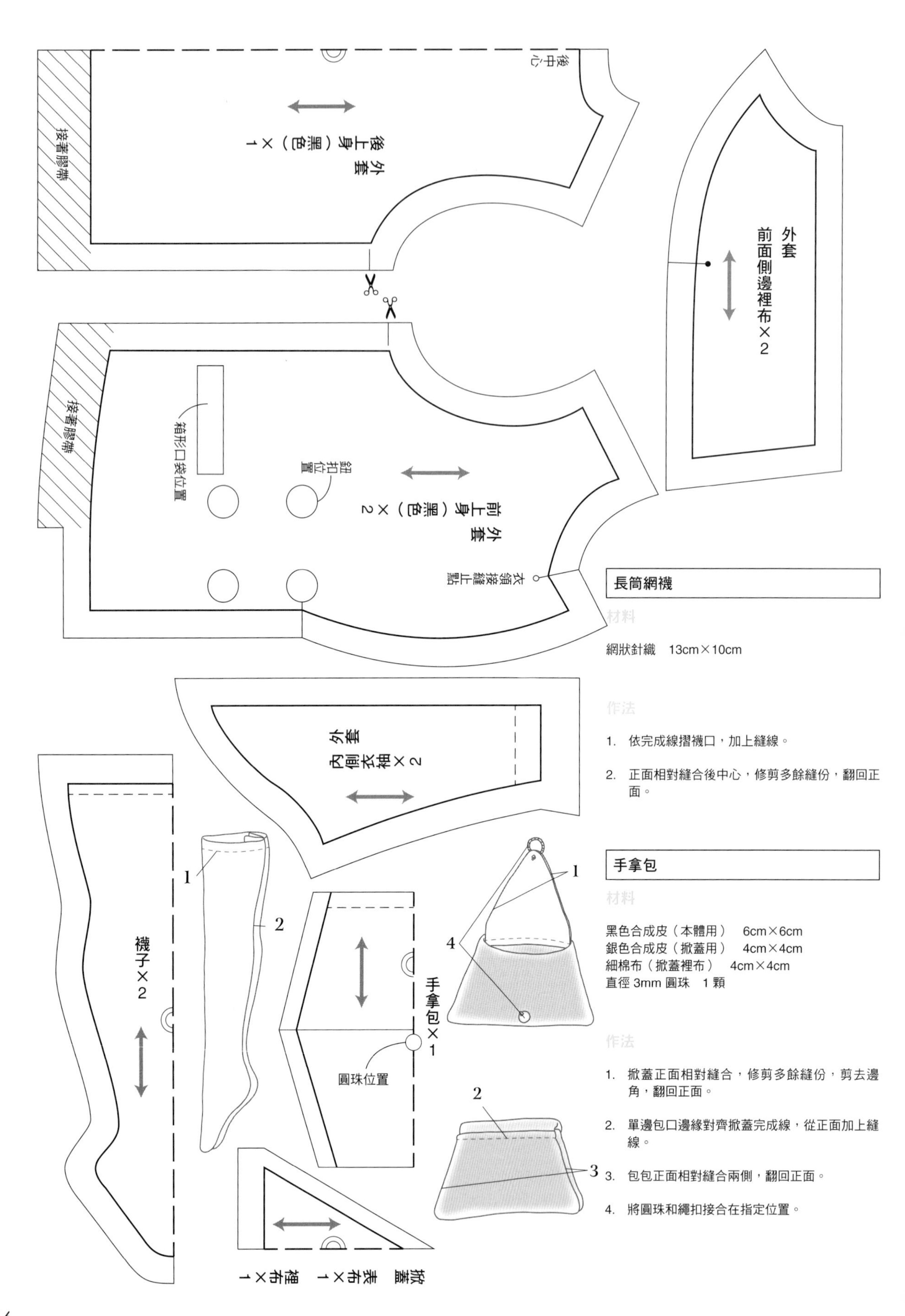

長筒網襪

材料

網狀針織　13cm×10cm

作法

1. 依完成線摺襪口，加上縫線。
2. 正面相對縫合後中心，修剪多餘縫份，翻回正面。

手拿包

材料

黑色合成皮（本體用）　6cm×6cm
銀色合成皮（掀蓋用）　4cm×4cm
細棉布（掀蓋裡布）　4cm×4cm
直徑 3mm 圓珠　1 顆

作法

1. 掀蓋正面相對縫合，修剪多餘縫份，剪去邊角，翻回正面。
2. 單邊包口邊緣對齊掀蓋完成線，從正面加上縫線。
3. 包包正面相對縫合兩側，翻回正面。
4. 將圓珠和繩扣接合在指定位置。

馬甲洋裝

材料

黃色中厚棉布　20cm×18cm
白色中厚棉布（側邊部件用）　3cm×12cm
細棉布（貼邊布用）　12cm×4cm
魔鬼氈　1.5cm×2.5cm

作法

1. 前上身和前面側邊正面相對縫合，用熨斗將縫份攤開燙平。
2. 後上身和步驟 1 正面相對縫合側邊，用熨斗將縫份攤開燙平。
3. 上身貼邊布和步驟 2 正面相對縫合上邊，修剪多餘縫份，翻回正面。
4. 依完成線摺前裙片裙襬，加上縫線。
5. 在後裙片開叉止點縫份剪出牙口後，依完成線摺好，接續在開叉～裙襬加上縫線。
6. 前裙片和側邊部件正面相對縫合，縫份往側邊部件倒，後裙片和側邊部件用相同方式縫合。
7. 側邊部件的裙襬往上摺，接續縫合側邊部件邊緣～裙襬，在周圍邊緣加上縫線。
8. 縫製裙片前後打褶，縫份分別往中心倒。
9. 上身和裙片正面相對縫合，縫份往上身倒。
10. 將魔鬼氈暫時固定在後上身指定位置，在開口止點縫份剪出牙口後，用熨斗將後開口依完成線摺好，在邊緣加上縫線。
11. 後中心正面相對，從開口止點縫至開叉止點，用熨斗將縫份攤開燙平，翻回正面。

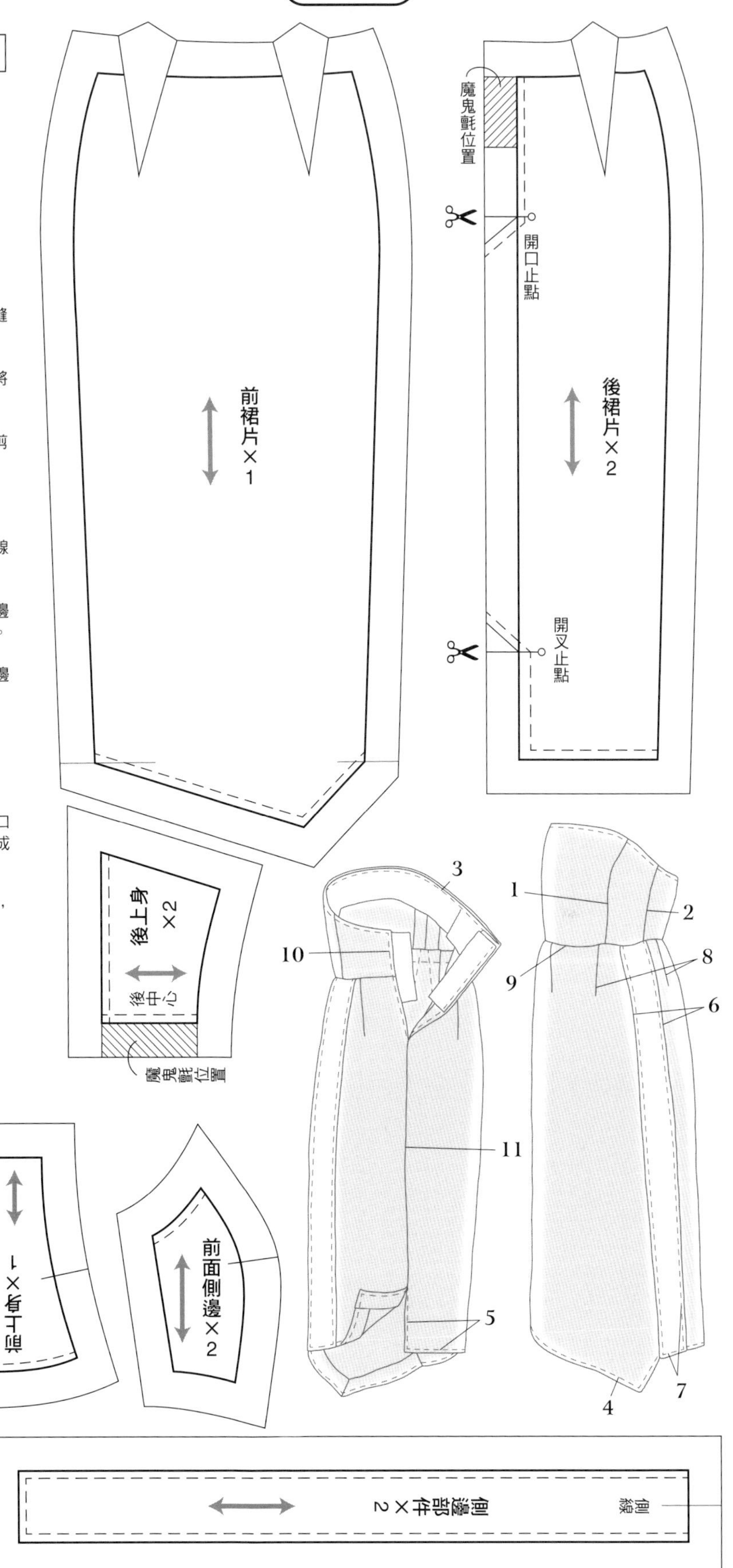

P.22 ● Blythe

吊帶裙穿搭

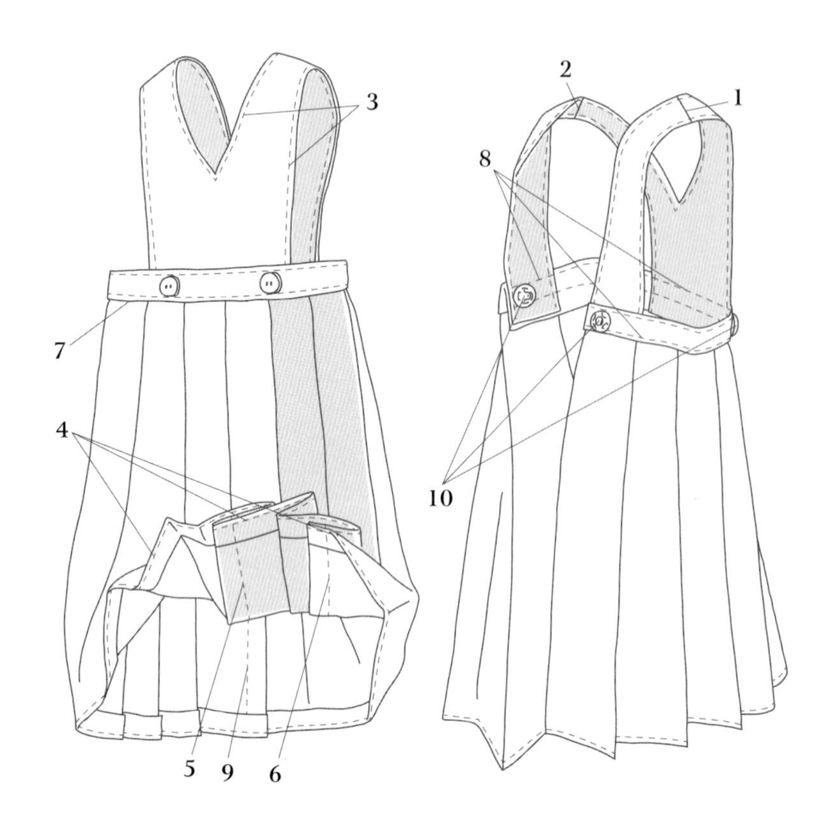

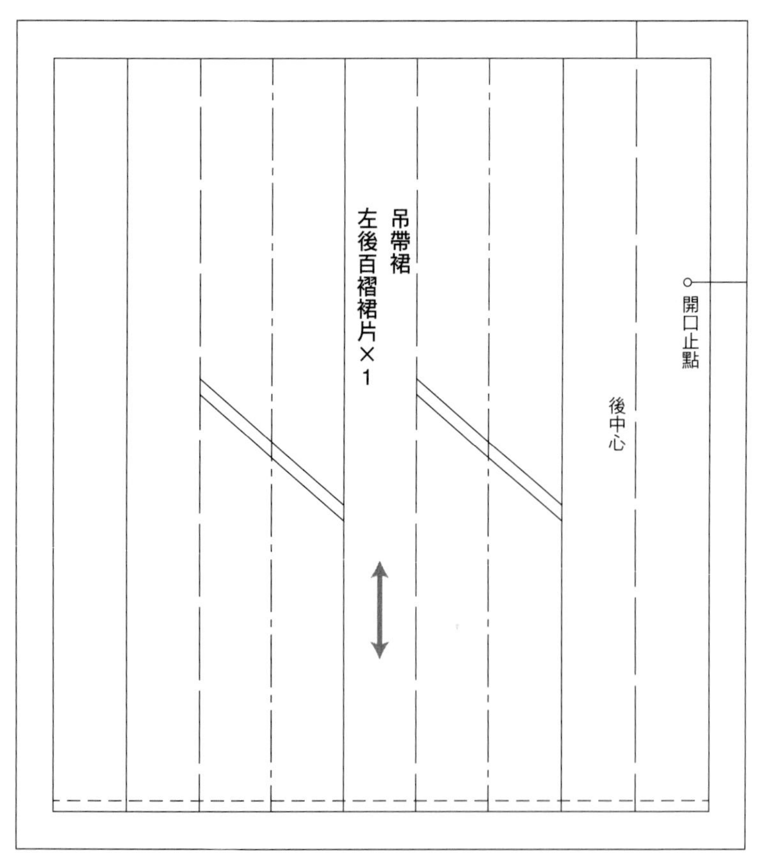

吊帶裙

材料

米色中厚棉布料　35cm×20cm
黃色中厚棉布料（拼接用）　8cm×12cm
細棉布（裡布用）　16cm×8cm
直徑 5mm 按扣　1 組
直徑 5mm 鈕扣　2 顆

作法

1. 左右後上身的肩線分別和前上身正面相對縫合，用熨斗將縫份攤開燙平。
2. 前後上身裡布也用相同方式縫合左右肩線，用熨斗將縫份攤開燙平。
3. 表布和裡布上身正面相對縫合領圍以及上身邊緣，修剪多餘縫份，在前中心V部分的縫份剪出牙口，翻回正面，用熨斗燙平，領圍和上身邊緣加上縫線。
4. 裙襬分別依完成線摺起，加上縫線，將百褶一一重疊。
   ※用疏縫固定百褶。
5. 百褶裙和左側拼接百褶裙正面相對縫合，縫份往百褶裙倒。
6. 左側拼接百褶裙和左後百褶裙正面相對縫合，縫份往拼接百褶裙倒。
7. 裙片和腰帶正面相對縫合，縫份往腰帶倒。
8. 腰帶與前後上身重疊，像包覆前後上身縫份般摺好，用珠針固定在指定位置，腰帶周圍加上縫線。
9. 裙片正面相對，從後開口止點縫至裙襬，縫份往左後百褶倒。
10. 翻回正面，將按扣和鈕扣縫在指定位置。

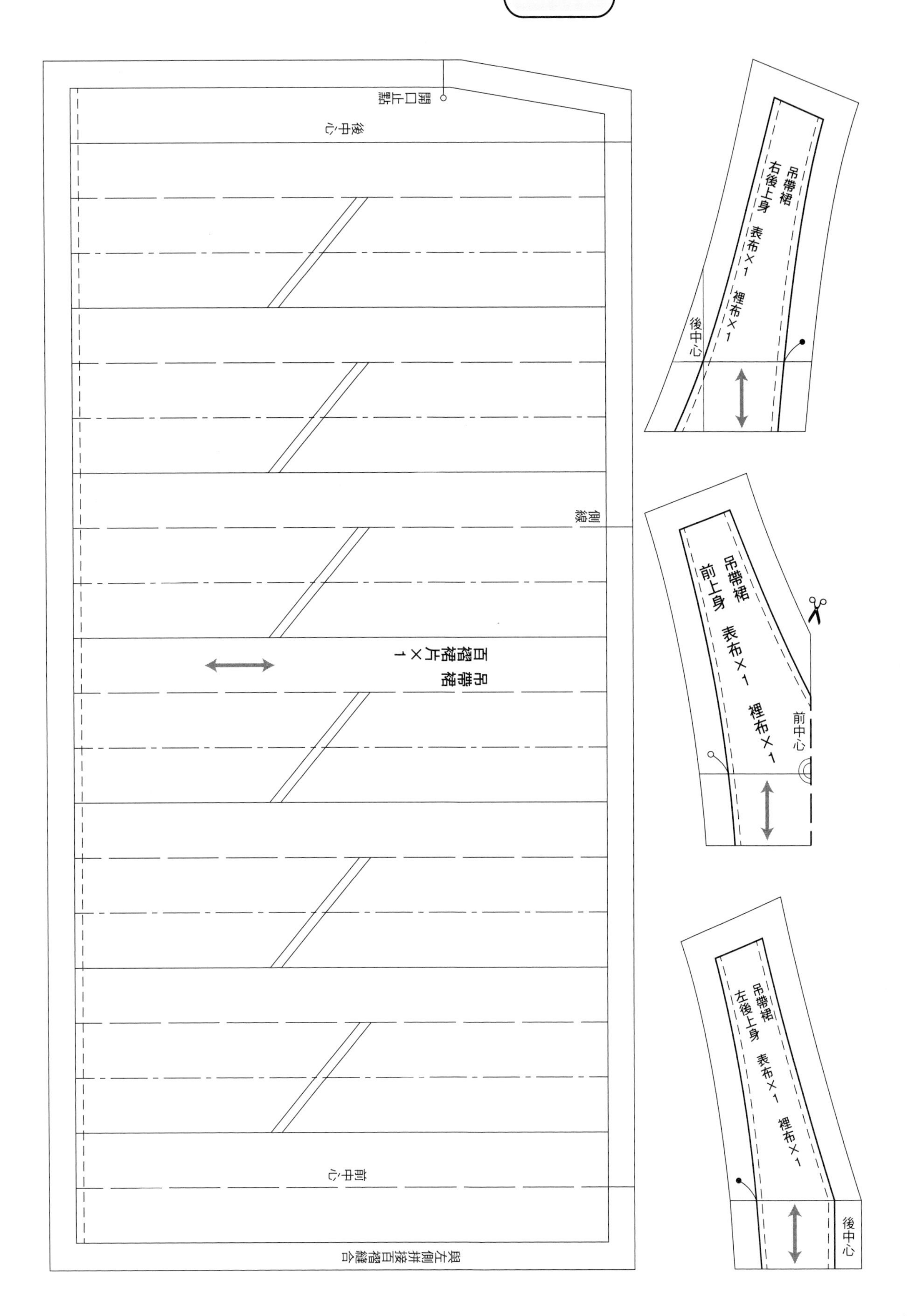
開口止點
後中心
側線
吊帶裙
百褶裙片×1
前中心
與左側拼接百褶縫合
吊帶裙
右後上身　表布×1　裡布×1
後中心
吊帶裙
前上身　表布×1　裡布×1
前中心
吊帶裙
左後上身　表布×1　裡布×1
後中心

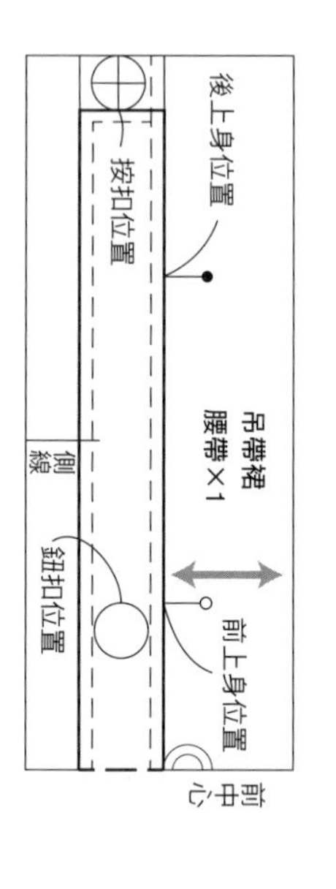

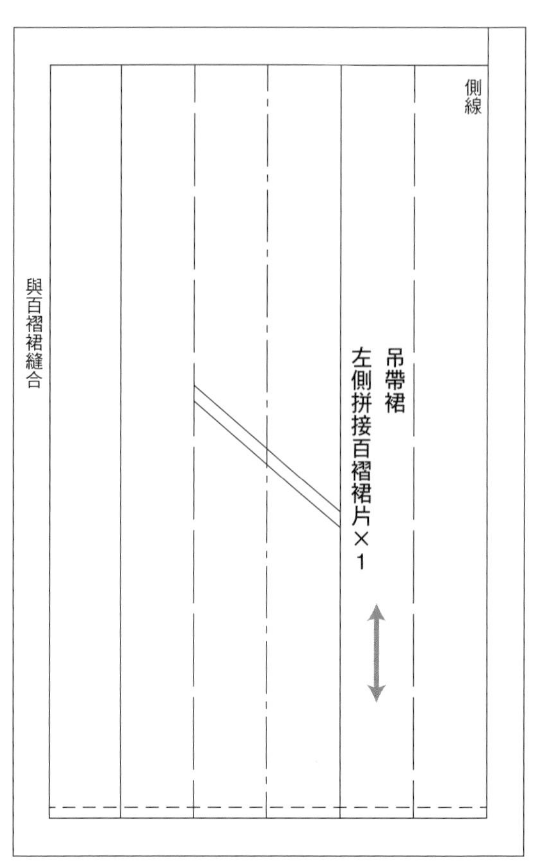

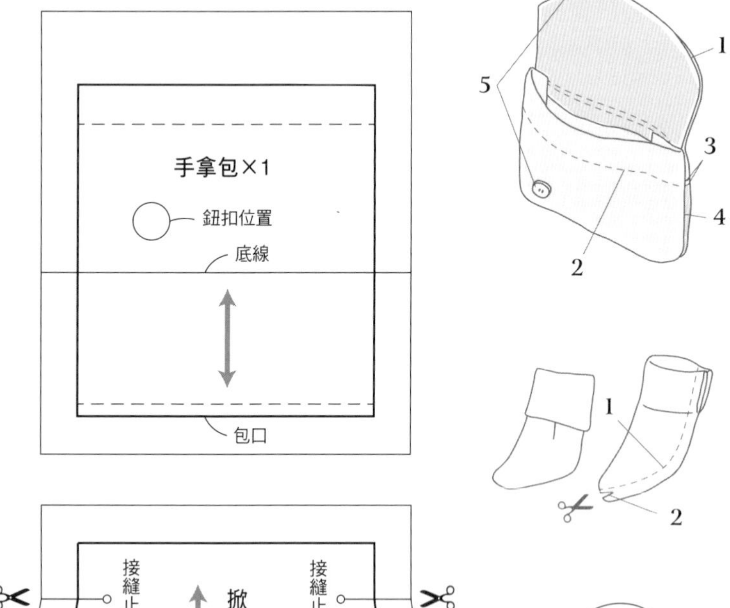

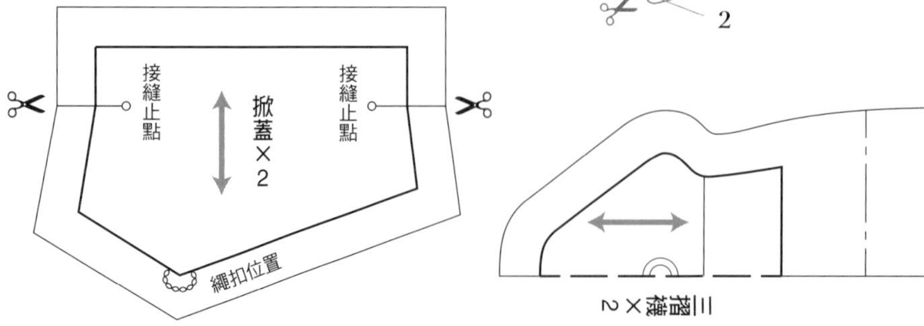

三摺襪

材料

網狀針織　10cm×6cm

作法

1. 在襪口外側三摺邊的情況下，後中心正面相對，縫上縫線。
2. 修剪多餘縫份，翻回正面。

手拿包

材料

細平棉布（掀蓋表布用）　6cm×5cm
細棉布（掀蓋裡布用）　6cm×5cm
中厚棉布料　5cm×6cm
直徑 5mm 鈕扣　1 顆

作法

1. 表裡布掀蓋正面相對縫至接縫止點，修剪多餘縫份，剪去邊角，並在接縫止點的縫份剪出牙口，翻回正面。
2. 依完成線摺包口，加上縫線。
3. 包包和掀蓋正面相對縫合，縫份往包包倒，加上縫線。
4. 包口和掀蓋接縫止點正面相對縫合兩側，翻回正面。
5. 將鈕扣和繩扣縫在指定位置。

荷葉領套衫

材料

細棉布　20cm×20cm
魔鬼氈　1.5cm×4cm

作法

1. 依完成線摺衣領後中心，再對摺，並且做出碎褶。
2. 在上身領圍剪出牙口，上身和衣領正面相對縫合，縫份往上身倒，在邊緣加上縫線。
3. 袖口做出碎褶，和對摺的卡夫正面相對縫合，縫份往衣袖倒。
4. 前後上身正面相對縫合側邊～衣袖下方，用熨斗將縫份攤開燙平。
5. 依完成線摺衣襬，加上縫線。
6. 翻回正面，將魔鬼氈暫時固定在後中心，在邊緣加上縫線。

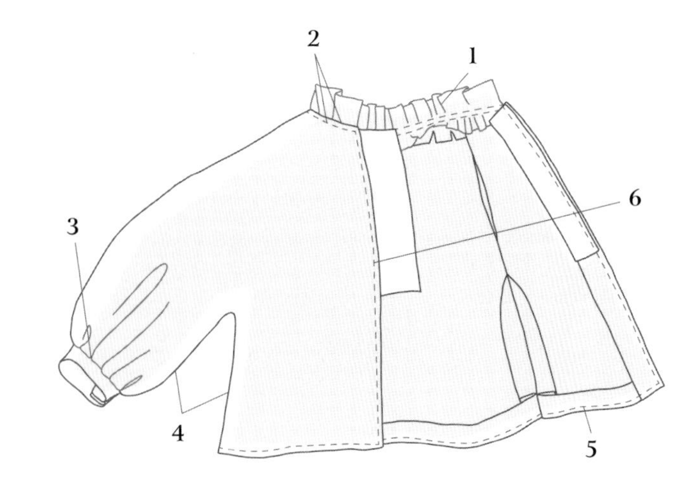

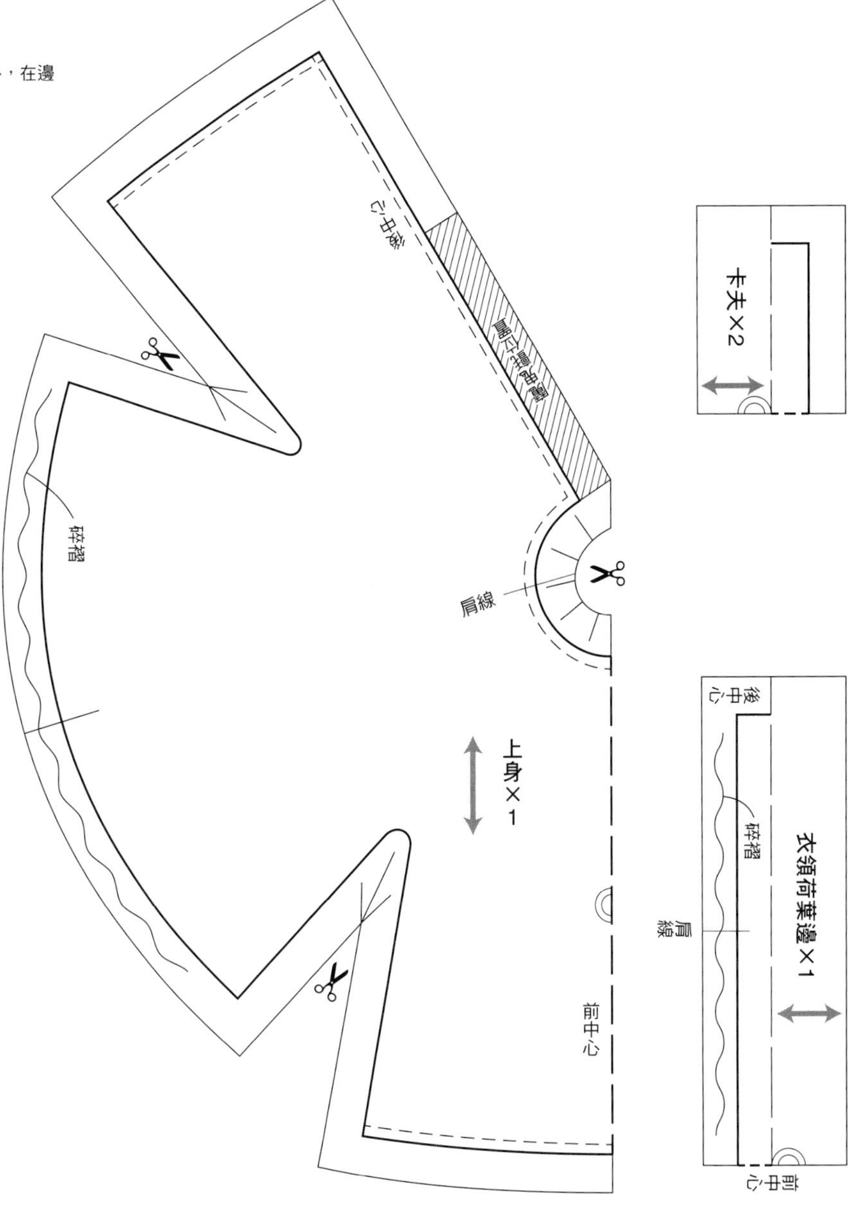

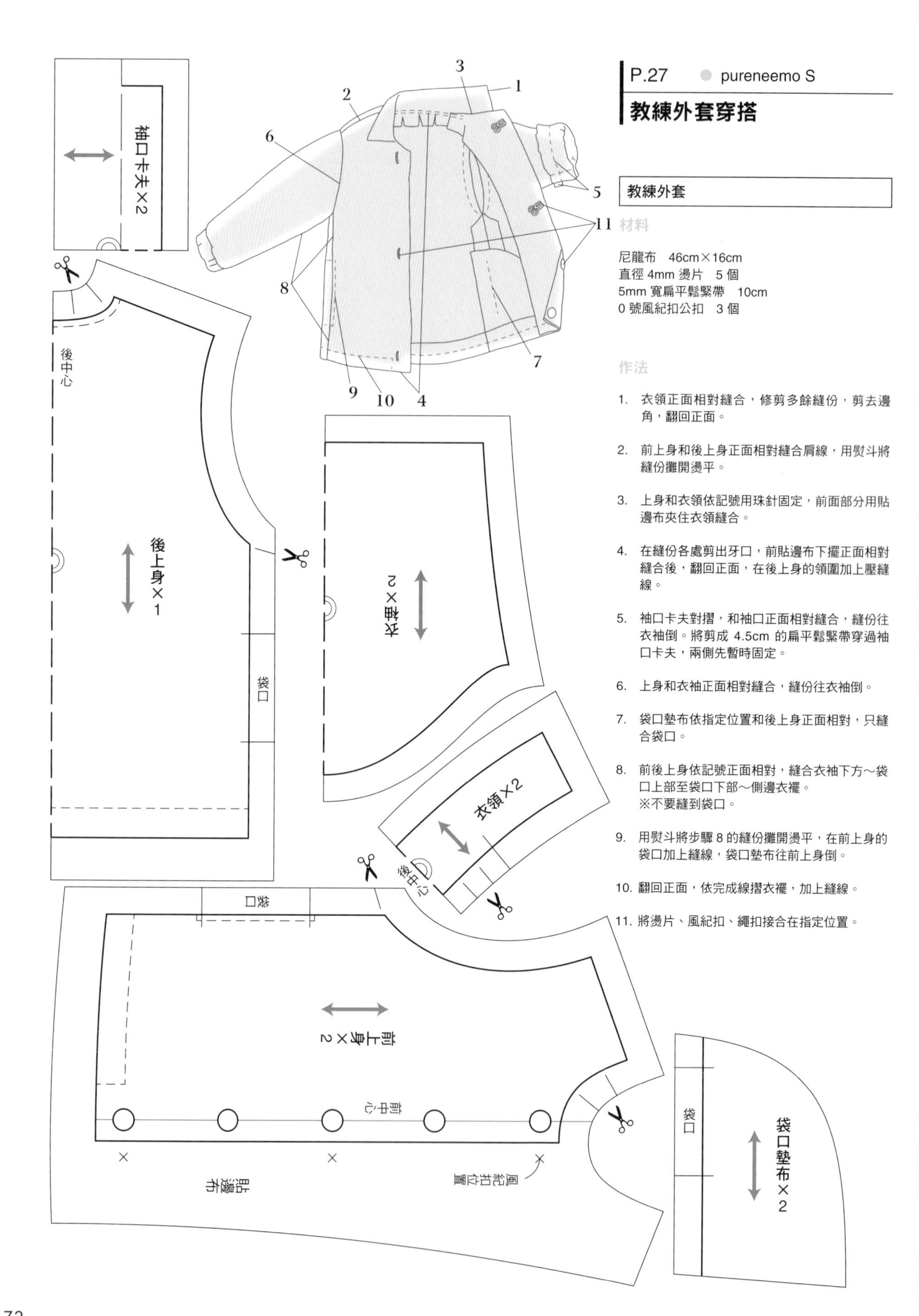

P.27 ● pureneemo S

教練外套穿搭

教練外套

材料

尼龍布　46cm×16cm
直徑 4mm 燙片　5 個
5mm 寬扁平鬆緊帶　10cm
0 號風紀扣公扣　3 個

作法

1. 衣領正面相對縫合，修剪多餘縫份，剪去邊角，翻回正面。
2. 前上身和後上身正面相對縫合肩線，用熨斗將縫份攤開燙平。
3. 上身和衣領依記號用珠針固定，前面部分用貼邊布夾住衣領縫合。
4. 在縫份各處剪出牙口，前貼邊布下擺正面相對縫合後，翻回正面，在後上身的領圍加上壓縫線。
5. 袖口卡夫對摺，和袖口正面相對縫合，縫份往衣袖倒。將剪成 4.5cm 的扁平鬆緊帶穿過袖口卡夫，兩側先暫時固定。
6. 上身和衣袖正面相對縫合，縫份往衣袖倒。
7. 袋口墊布依指定位置和後上身正面相對，只縫合袋口。
8. 前後上身依記號正面相對，縫合衣袖下方～袋口上部至袋口下部～側邊衣襬。
※不要縫到袋口。
9. 用熨斗將步驟 8 的縫份攤開燙平，在前上身的袋口加上縫線，袋口墊布往前上身倒。
10. 翻回正面，依完成線摺衣襬，加上縫線。
11. 將燙片、風紀扣、繩扣接合在指定位置。

開領襯衫

材料

細棉布　34cm×11cm
直徑 4mm 鈕扣　4 顆
0 號風紀扣公扣　2 個

作法

1. 衣領正面相對縫合，剪去縫份邊角，翻回正面。
2. 前後上身正面相對縫合肩線，用熨斗將縫份攤開燙平。
3. 上身和衣領依記號用珠針固定，前面部分用貼邊布夾住衣領縫合。
4. 在縫份各處剪出牙口，前貼邊布下襬正面相對縫合後，翻回正面。
5. 依完成線摺袖口，加上縫線。
6. 前後上身正面相對縫合側邊，在縫份剪出牙口，用熨斗攤開燙平。
7. 翻回正面，依完成線摺衣襬，加上縫線。
8. 將鈕扣、風紀扣、繩扣縫在指定位置。

休閒褲

材料

象牙白細平棉布　25cm×16cm
白色細平棉布（側邊線條用）　2cm×13cm
5mm 寬扁平鬆緊帶　9cm

作法

1. 依完成線摺側邊線條，在縫份塗上薄薄的布用接著劑，暫時固定在指定位置，加上縫線。
2. 依完成線摺褲襬，加上縫線。
3. 前中心正面相對縫合股上，用熨斗將縫份攤開燙平。
4. 依完成線摺袋口，加上縫線，平針縫出底部圓弧，收緊縫線，做出圓弧形，再依完成線摺縫份，用熨斗燙平，縫在指定位置。
5. 腰帶對摺，和褲片正面相對縫合，縫份往褲片倒，將剪成 9cm 的扁平鬆緊帶穿過腰帶中間，兩側暫時固定。
6. 後中心正面相對縫合股上，用熨斗將縫份攤開燙平。在腰帶部分雙邊壓縫。
7. 前後褲片正面相對縫合股下，用熨斗將縫份攤開燙平，翻回正面。

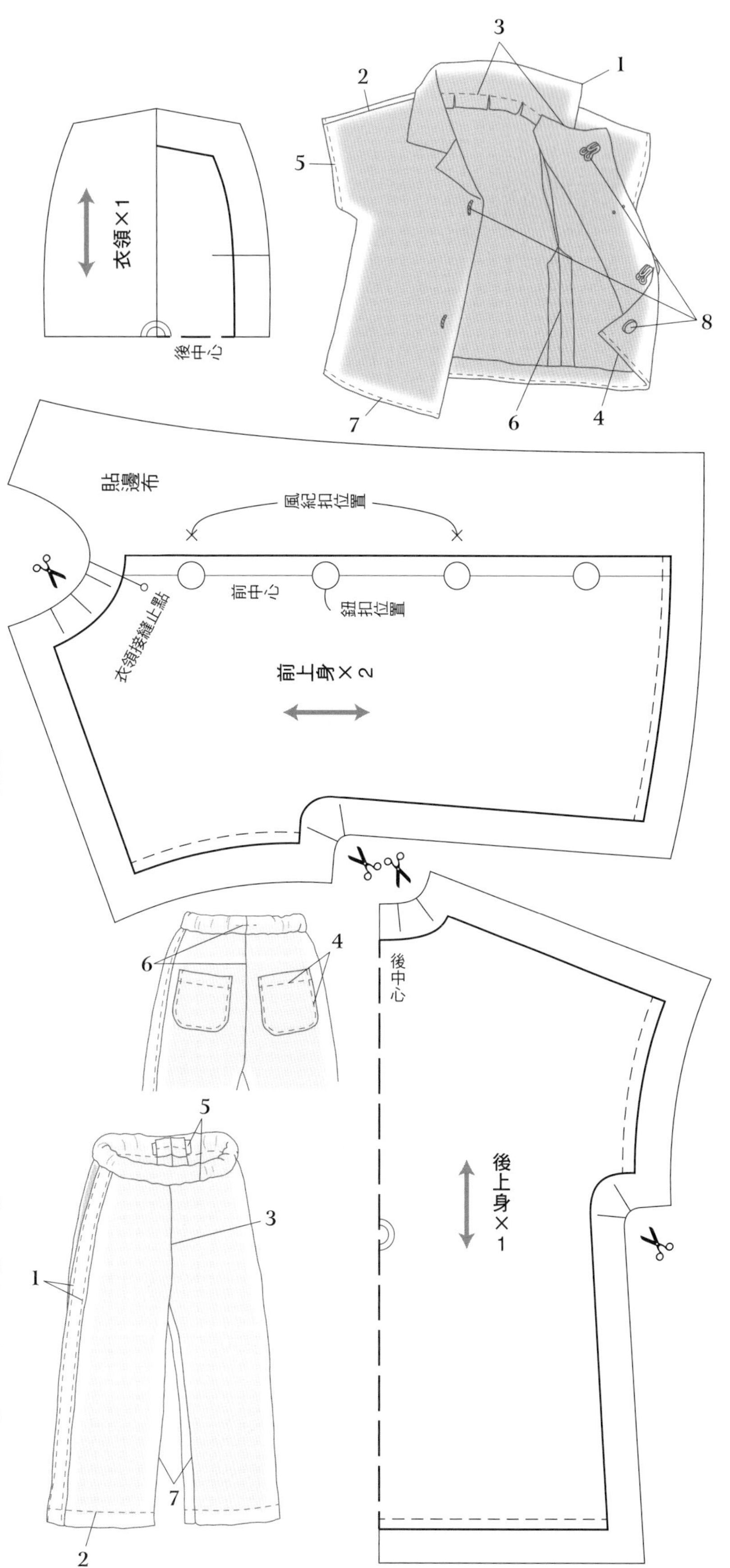

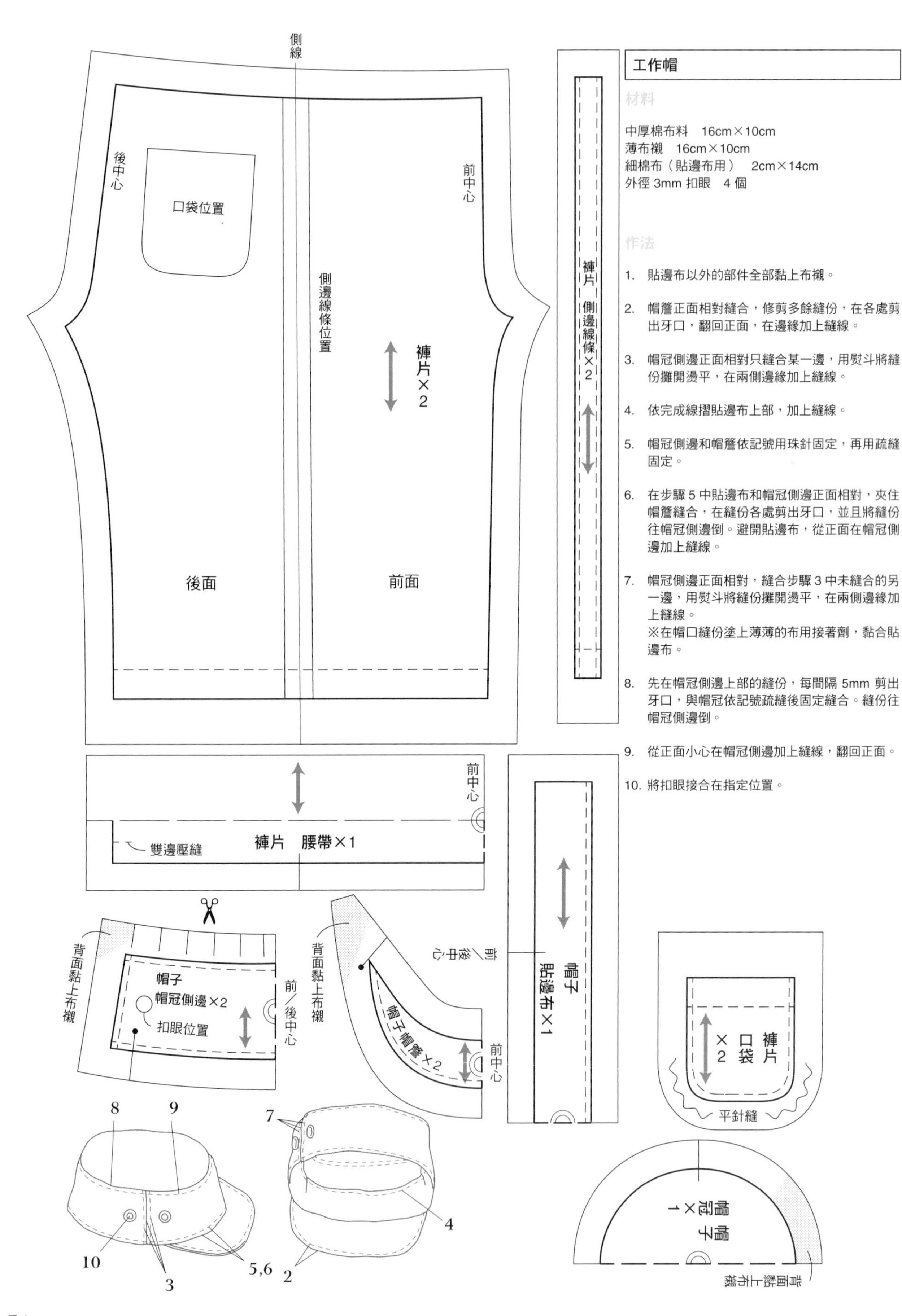

工作帽

材料

中厚棉布料　16cm×10cm
薄布襯　16cm×10cm
細棉布（貼邊布用）　2cm×14cm
外徑 3mm 扣眼　4 個

作法

1. 貼邊布以外的部件全部黏上布襯。
2. 帽簷正面相對縫合，修剪多餘縫份，在各處剪出牙口，翻回正面，在邊緣加上縫線。
3. 帽冠側邊正面相對只縫合某一邊，用熨斗將縫份攤開燙平，在兩側邊緣加上縫線。
4. 依完成線摺貼邊布上部，加上縫線。
5. 帽冠側邊和帽簷依記號用珠針固定，再用疏縫固定。
6. 在步驟 5 中貼邊布和帽冠側邊正面相對，夾住帽簷縫合，在縫份各處剪出牙口，並且將縫份往帽冠側邊倒。避開貼邊布，從正面在帽冠側邊加上縫線。
7. 帽冠側邊正面相對，縫合步驟 3 中未縫合的另一邊，用熨斗將縫份攤開燙平，在兩側邊緣加上縫線。
   ※在帽口縫份塗上薄薄的布用接著劑，黏合貼邊布。
8. 先在帽冠側邊上部的縫份，每間隔 5mm 剪出牙口，與帽冠依記號疏縫後固定縫合。縫份往帽冠側邊倒。
9. 從正面小心在帽冠側邊加上縫線，翻回正面。
10. 將扣眼接合在指定位置。

P.30 pureneemo S

有領衛衣穿搭

有領衛衣

材料

平滑針織 40cm×15cm
格紋布料（衣領用） 16cm×7cm
細棉布（領圍貼邊布用） 12cm×8cm
5mm 寬蕾絲 25cm
直徑 3mm 圓珠 1 個

作法

1. 衣領正面相對縫合，修剪多餘縫份，在圓弧各處剪出牙口，翻回正面。
2. 衣領外圈用布用接著劑黏上蕾絲，在邊緣加上縫線。
3. 袖口羅紋對摺，和衣袖正面相對縫合，縫份往衣袖倒。
4. 前上身和衣袖正面相對縫合，用熨斗將縫份攤開燙平。
5. 後上身和衣袖正面相對縫合，用熨斗將縫份攤開燙平。
6. 上身和衣領依記號用珠針固定，領圍貼邊布和上身夾住衣領縫合。
7. 領圍修剪多餘縫份，剪去邊角，在各處剪出牙口，也在開口止點縫份剪出牙口，將貼邊布翻回正面，在領圍加上縫線。
8. 前後上身正面相對接續縫合側邊～衣袖下方，用熨斗將縫份攤開燙平。
9. 衣襬羅紋對摺，和上身依記號用珠針固定，一邊伸展羅紋一邊縫合，並將縫份往上身倒。在側邊縫份剪出牙口，將衣袖翻回正面。
10. 後上身正面相對縫合開口止點～衣襬，用熨斗將縫份攤開燙平，翻回正面。
11. 將圓珠和繩扣接合在指定位置。

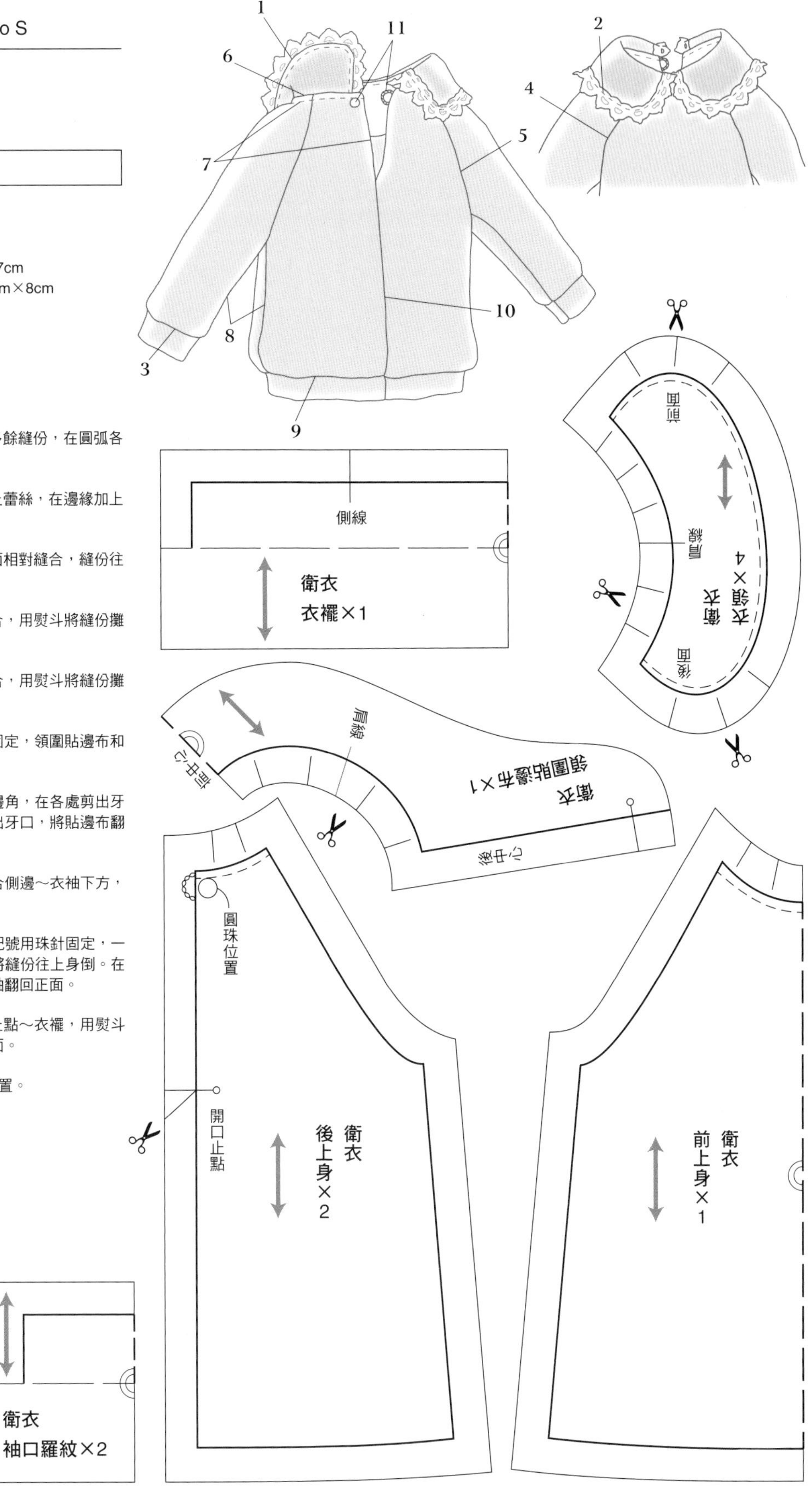

格紋傘狀裙

材料

格紋棉布料　35cm×15cm
直徑 5mm 按扣　1 組

作法

1. 前裙片和後裙片正面相對縫合側邊，用熨斗將縫份攤開燙平。
2. 依完成線摺裙襬，加上縫線。
3. 腰帶正面相對，依記號用珠針固定在裙片縫合，修剪多餘縫份並且往腰帶倒。
4. 依完成線摺腰帶的右後中心，像將縫份包覆般摺腰帶，用珠針固定，在腰帶邊緣加上縫線。
5. 後中心正面相對縫合開口止點～裙襬，縫份往右後裙片倒，用熨斗燙平至腰部，翻回正面。
6. 將按扣縫在腰帶。

☆有領衛衣的衣袖作法在前一頁

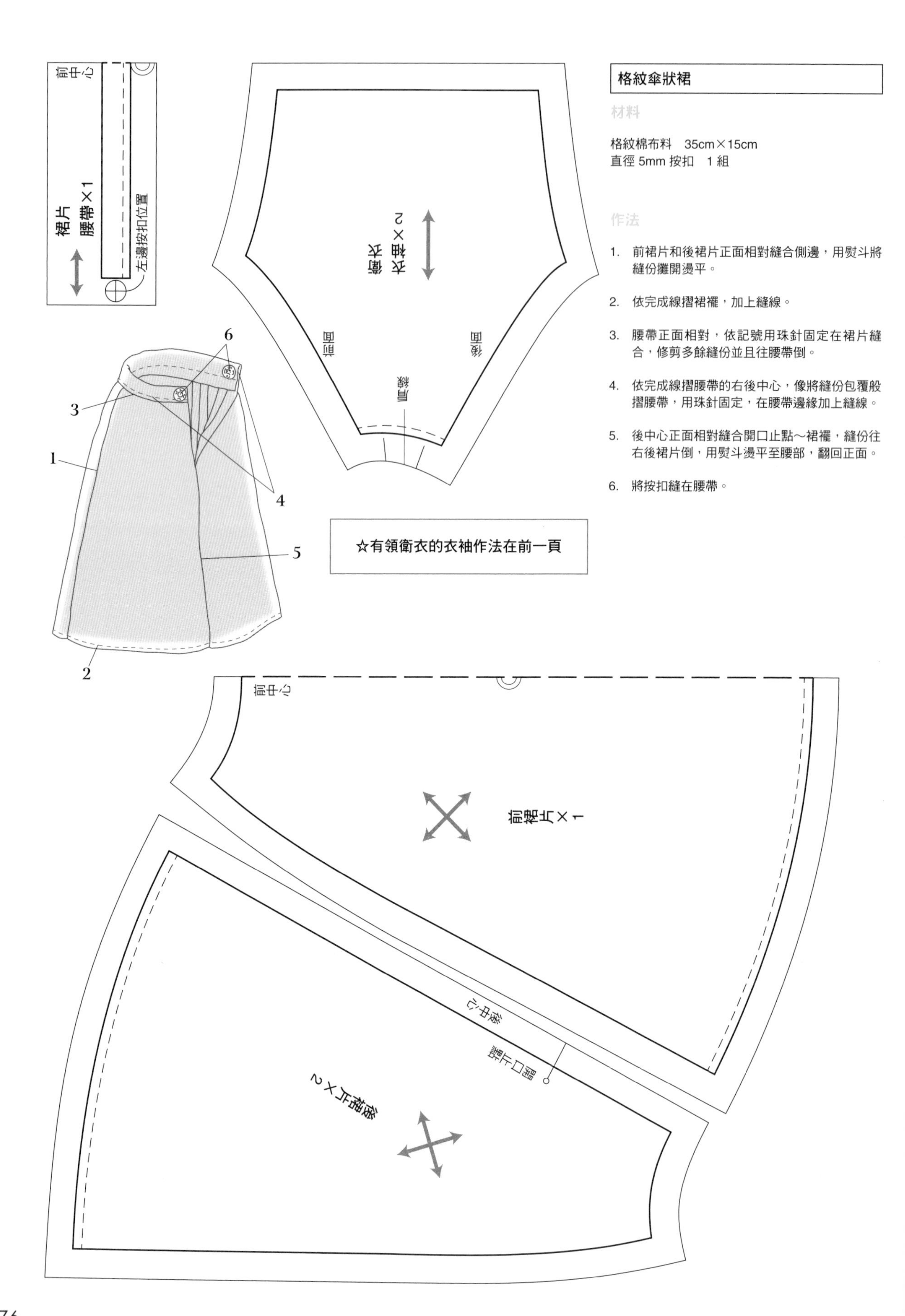

背包

材料

深藍色中厚棉布料　7cm×12cm
黃色中厚棉布料（底部用）　7cm×6cm
5mm 寬合成皮帶　35cm
日字扣　2 個
魔鬼氈　0.8cm×4cm

作法

1. 掀蓋正面相對縫合，修剪多餘縫份，在圓弧各處剪出牙口，翻回正面，在邊緣加上縫線。
2. 依完成線摺前面包口，加上縫線。
3. 合成皮帶剪下 4.5cm 用於提把，2 條 12cm 用於肩帶，2 條 2.5cm 用於日字扣。
4. 提把和 2 條肩帶的合成皮帶，用布用接著劑等暫時固定在掀蓋指定位置，背面包包和掀蓋正面相對縫合，縫線往包包倒，加上縫線。
5. 用於日字扣的 2 條合成皮帶分別穿過日字扣後對摺，用布用接著劑等暫時固定在底部指定位置，背面包包和底部正面相對縫合，縫線往底部倒，加上縫線。
6. 前面包包和底部正面相對縫合後，縫線往底部倒，加上縫線。
7. 將魔鬼氈縫在掀蓋和前面包包的指定位置。
8. 包包正面相對縫合兩側，縫出底寬後翻回正面。
9. 肩帶前端斜剪，穿過日字扣。

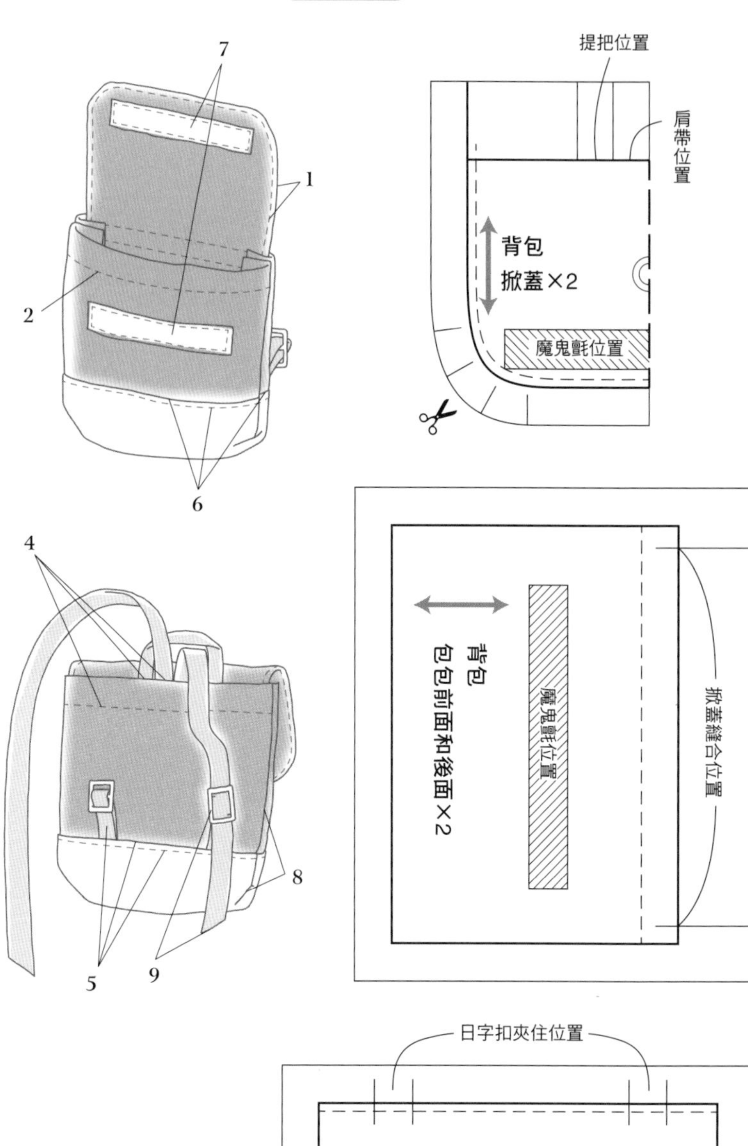

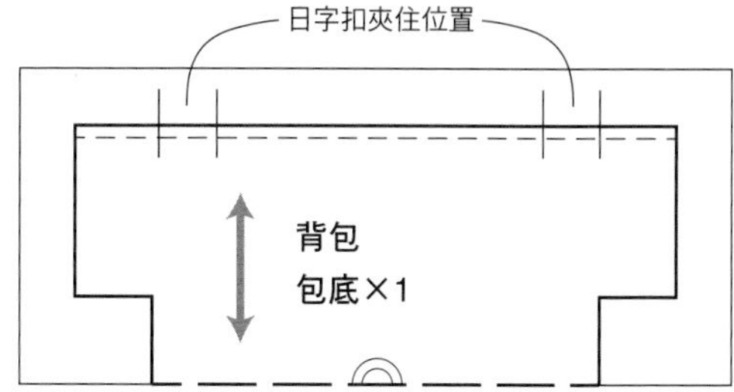

休閒襪

材料

天竺棉　13cm×5cm

作法

1. 依完成線摺襪口，加上縫線。
2. 正面相對縫合後中心，修剪多餘縫份，翻回正面。

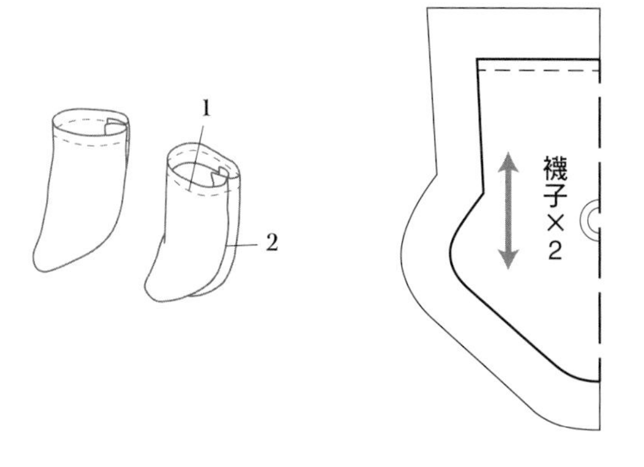

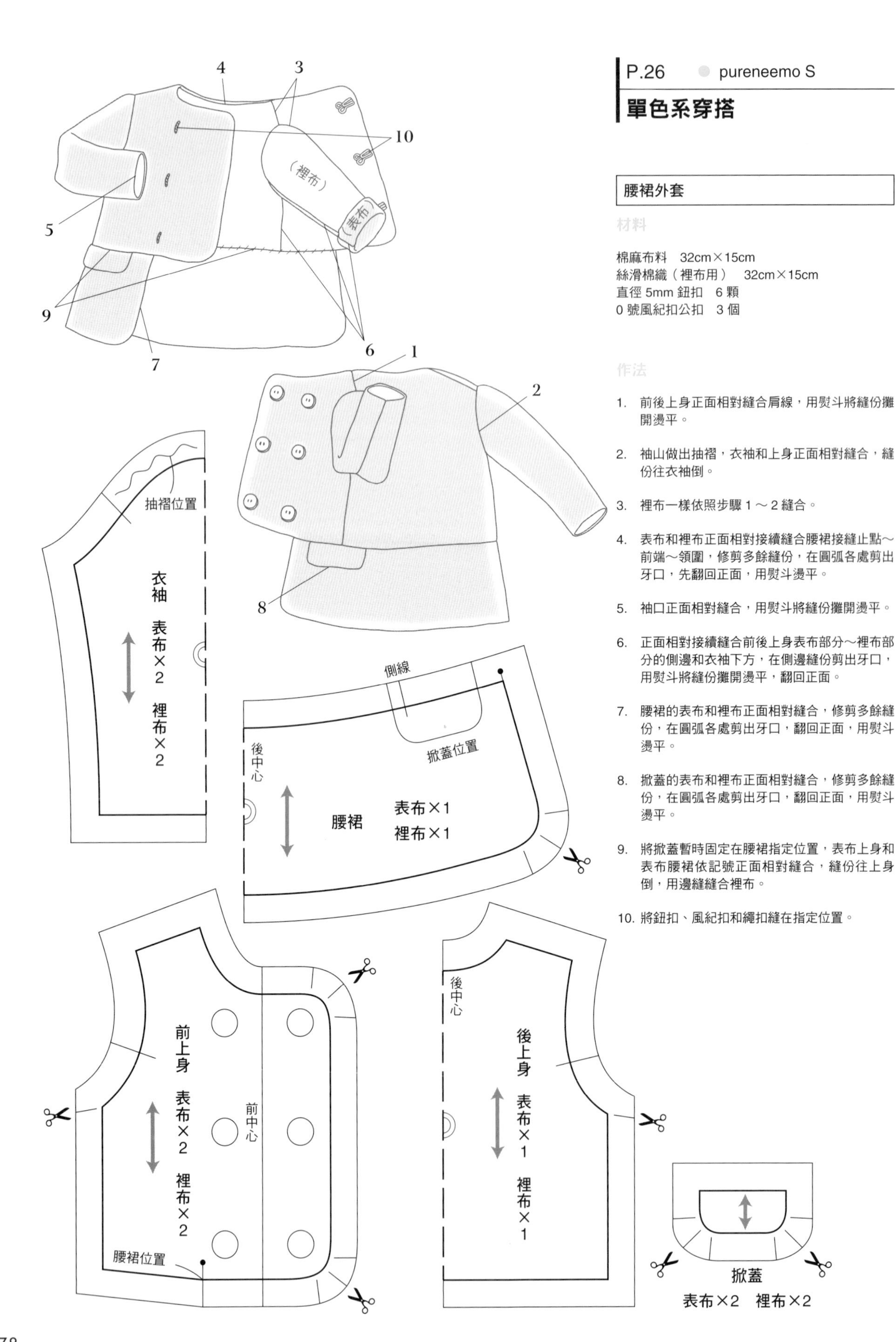

P.26 ● pureneemo S

單色系穿搭

腰裙外套

材料

棉麻布料　32cm×15cm
絲滑棉織（裡布用）　32cm×15cm
直徑 5mm 鈕扣　6 顆
0 號風紀扣公扣　3 個

作法

1. 前後上身正面相對縫合肩線，用熨斗將縫份攤開燙平。
2. 袖山做出抽褶，衣袖和上身正面相對縫合，縫份往衣袖倒。
3. 裡布一樣依照步驟 1 ～ 2 縫合。
4. 表布和裡布正面相對接續縫合腰裙接縫止點～前端～領圍，修剪多餘縫份，在圓弧各處剪出牙口，先翻回正面，用熨斗燙平。
5. 袖口正面相對縫合，用熨斗將縫份攤開燙平。
6. 正面相對接續縫合前後上身表布部分～裡布部分的側邊和衣袖下方，在側邊縫份剪出牙口，用熨斗將縫份攤開燙平，翻回正面。
7. 腰裙的表布和裡布正面相對縫合，修剪多餘縫份，在圓弧各處剪出牙口，翻回正面，用熨斗燙平。
8. 掀蓋的表布和裡布正面相對縫合，修剪多餘縫份，在圓弧各處剪出牙口，翻回正面，用熨斗燙平。
9. 將掀蓋暫時固定在腰裙指定位置，表布上身和表布腰裙依記號正面相對縫合，縫份往上身倒，用邊縫縫合裡布。
10. 將鈕扣、風紀扣和繩扣縫在指定位置。

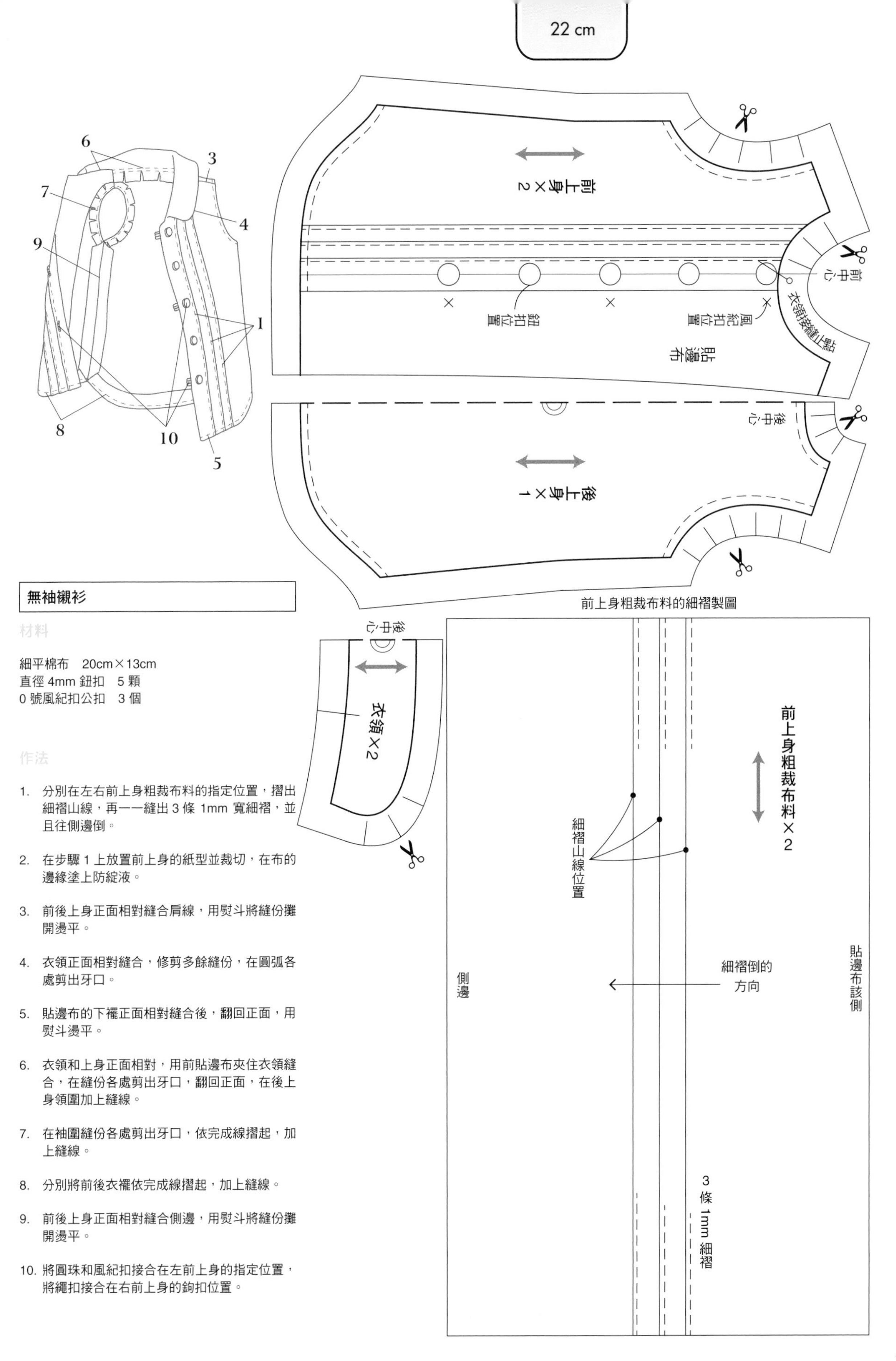

無袖襯衫

材料

細平棉布　20cm×13cm
直徑 4mm 鈕扣　5 顆
0 號風紀扣公扣　3 個

作法

1. 分別在左右前上身粗裁布料的指定位置，摺出細褶山線，再一一縫出 3 條 1mm 寬細褶，並且往側邊倒。
2. 在步驟 1 上放置前上身的紙型並裁切，在布的邊緣塗上防綻液。
3. 前後上身正面相對縫合肩線，用熨斗將縫份攤開燙平。
4. 衣領正面相對縫合，修剪多餘縫份，在圓弧各處剪出牙口。
5. 貼邊布的下襬正面相對縫合後，翻回正面，用熨斗燙平。
6. 衣領和上身正面相對，用前貼邊布夾住衣領縫合，在縫份各處剪出牙口，翻回正面，在後上身領圍加上縫線。
7. 在袖圍縫份各處剪出牙口，依完成線摺起，加上縫線。
8. 分別將前後衣襬依完成線摺起，加上縫線。
9. 前後上身正面相對縫合側邊，用熨斗將縫份攤開燙平。
10. 將圓珠和風紀扣接合在左前上身的指定位置，將繩扣接合在右前上身的鉤扣位置。

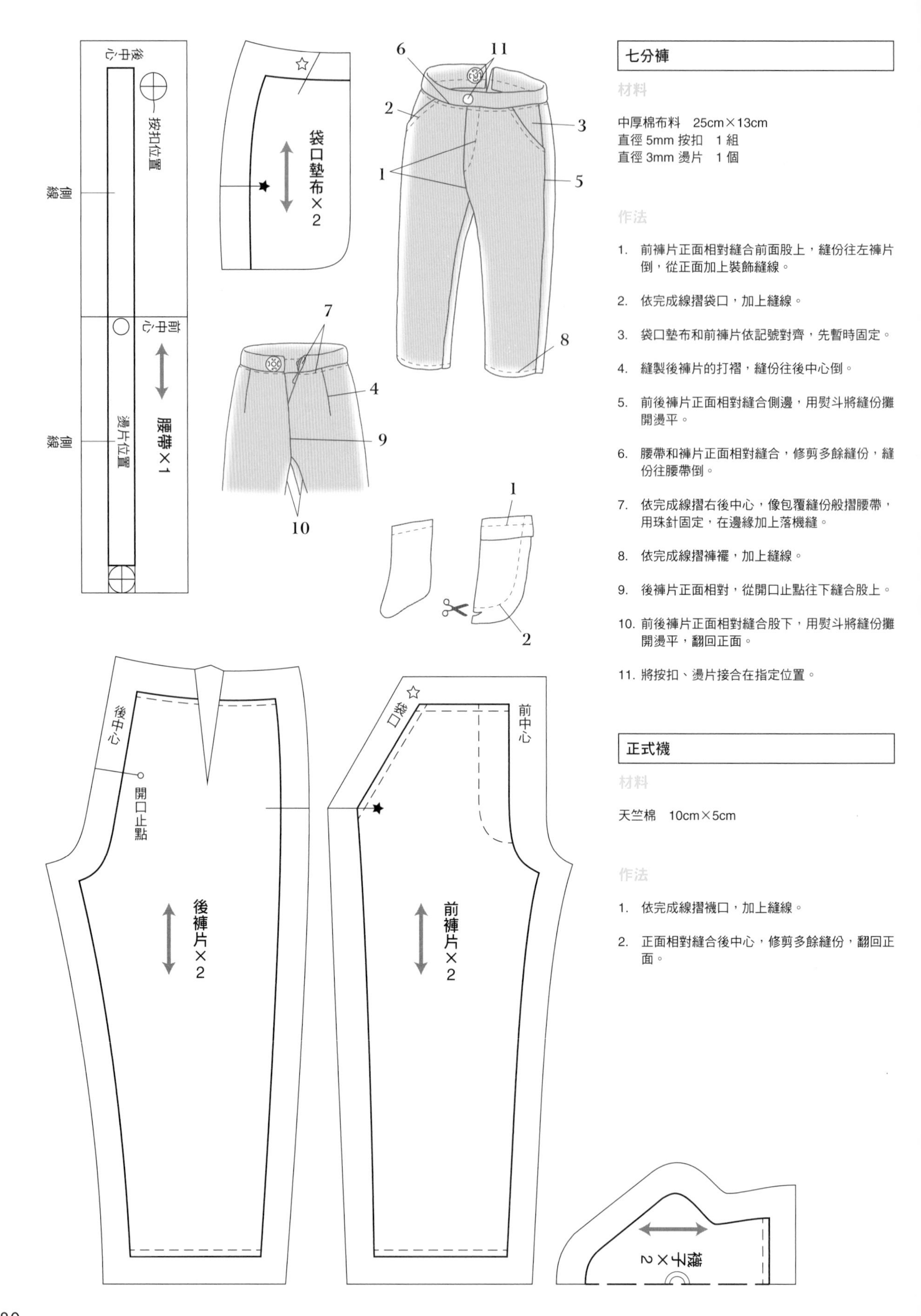

七分褲

材料

中厚棉布料　25cm×13cm
直徑 5mm 按扣　1 組
直徑 3mm 燙片　1 個

作法

1. 前褲片正面相對縫合前面股上，縫份往左褲片倒，從正面加上裝飾縫線。
2. 依完成線摺袋口，加上縫線。
3. 袋口墊布和前褲片依記號對齊，先暫時固定。
4. 縫製後褲片的打褶，縫份往後中心倒。
5. 前後褲片正面相對縫合側邊，用熨斗將縫份攤開燙平。
6. 腰帶和褲片正面相對縫合，修剪多餘縫份，縫份往腰帶倒。
7. 依完成線摺右後中心，像包覆縫份般摺腰帶，用珠針固定，在邊緣加上落機縫。
8. 依完成線摺褲襬，加上縫線。
9. 後褲片正面相對，從開口止點往下縫合股上。
10. 前後褲片正面相對縫合股下，用熨斗將縫份攤開燙平，翻回正面。
11. 將按扣、燙片接合在指定位置。

正式襪

材料

天竺棉　10cm×5cm

作法

1. 依完成線摺襪口，加上縫線。
2. 正面相對縫合後中心，修剪多餘縫份，翻回正面。

P.24　● OB24 素體

傘狀裙穿搭

束腰傘狀裙

材料

黑色細平棉布（腰帶用）　11cm×4cm
黃色細平棉布（滾邊條）　10cm×12cm
細棉布（貼邊布用）　11cm×4cm
方格紋棉布料　27cm×15cm
直徑 5mm 按扣　1 組
直徑 4mm 鈕扣　2 顆

作法

1. 滾邊條對摺，和腰帶上部正面相對，用珠針固定，和貼邊布正面相對重疊縫合，翻回正面，在邊緣加上縫線。
2. 滾邊條，和腰帶下部正面相對縫合，在縫份剪出牙口並往腰帶倒。
※請注意不要縫到貼邊布。
3. 依完成線摺裙襬，加上縫線。
4. 腰帶縫份塗上薄薄的布用接著劑，對齊記號，和裙片縫份黏合，在腰帶邊緣加上縫線，固定至貼邊布。
5. 依完成線摺腰帶右後中心，在腰帶部分加上壓縫線。
6. 從開口止點到裙襬縫合後中心，翻回正面，將鈕扣和按扣縫在指定位置。

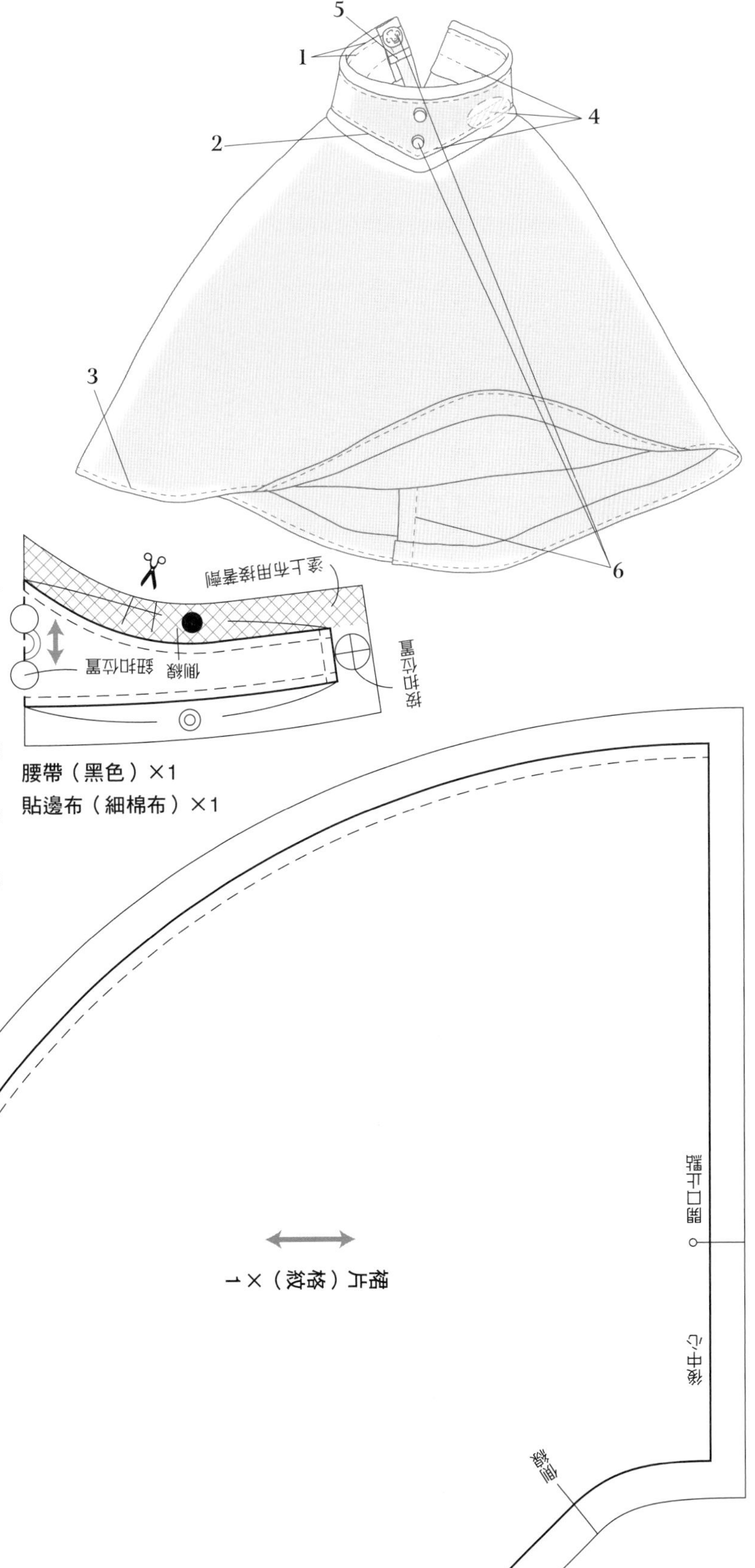

滾邊條（黃色）×2

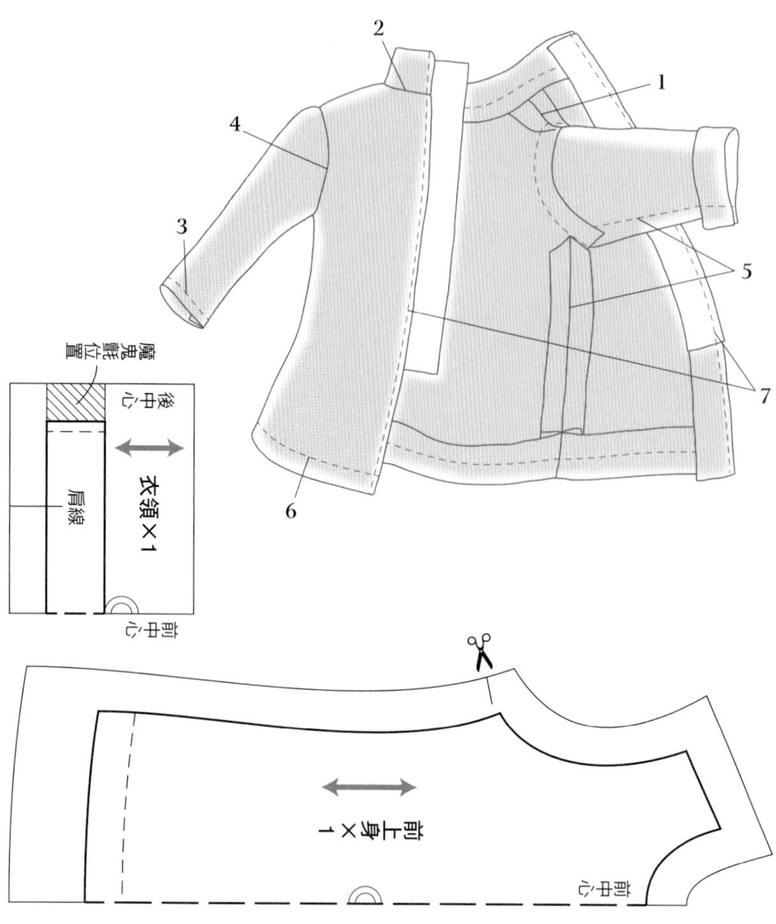

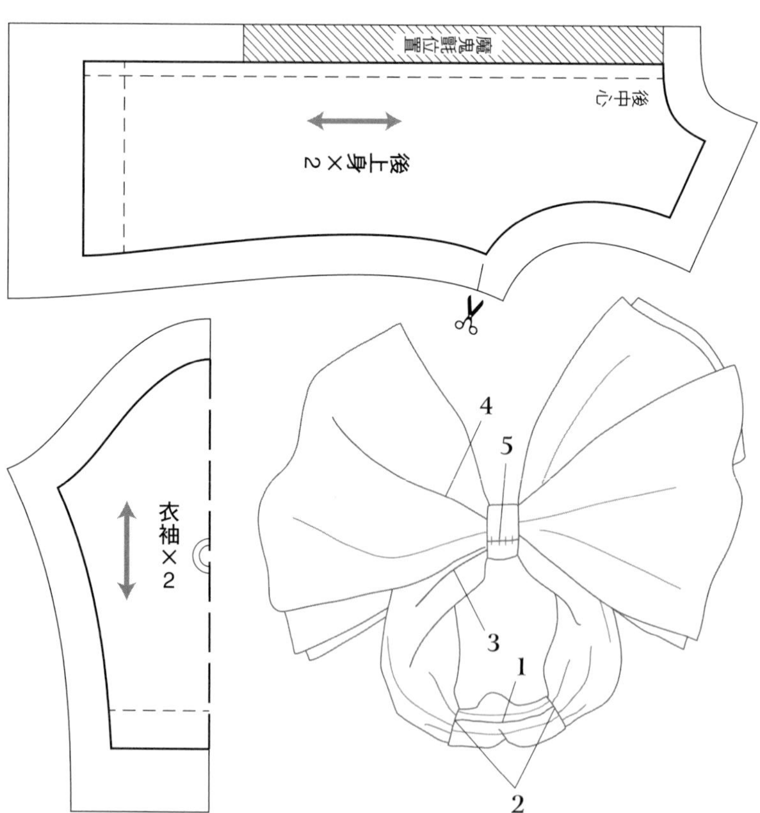

高領針織布衫

材料

平滑針織　22cm×14cm
魔鬼氈　1.5cm×6.5cm

作法

1. 前後上身正面相對縫合肩線，用熨斗將縫份攤開燙平。
2. 衣領對摺，依記號和上身正面相對縫合，縫份往上身倒。
3. 依完成線摺袖口，加上縫線。
4. 衣袖和上身依記號正面相對縫合，縫份往衣袖倒。
5. 前後上身正面相對縫合側邊～衣袖下方，在側邊縫份剪出牙口，用熨斗將縫份攤開燙平。
6. 依完成線摺上身衣襬，加上縫線，翻回正面。
7. 將魔鬼氈暫時固定在後中心指定位置，依完成線摺後開口，加上縫線。

髮帶

材料

柔軟薄紗　30cm×9cm
5mm 寬扁平鬆緊帶　3cm

作法

1. 鬆緊帶繩帶正面相對縫合後，翻回正面，將3cm 扁平鬆緊帶穿過中間，兩側暫時固定。
2. 髮帶兩邊做出碎褶，分別正面包覆步驟 1 的邊端縫合後，翻回正面。
3. 將碎褶往髮帶中心收緊，並且縫緊固定。
4. 將 2 條緞帶重疊，將碎褶往中心收緊，並且縫緊固定。
5. 將髮帶和緞帶重疊固定，用三摺邊的緞帶中央布包覆中心，並且縫合固定。

褲襪

材料

網狀針織　15cm×20cm

作法

1. 褲襪正面相對縫合前中心股上，用熨斗將縫份攤開燙平。
2. 依完成線摺腰部部分，扁平鬆緊帶剪成 9cm，用縫份夾住，一邊伸展一邊縫合。
3. 正面相對縫合後中心股上，在鬆緊帶部分雙邊壓縫。
4. 正面相對接續縫合左右股下，修剪多餘縫份，翻回正面。

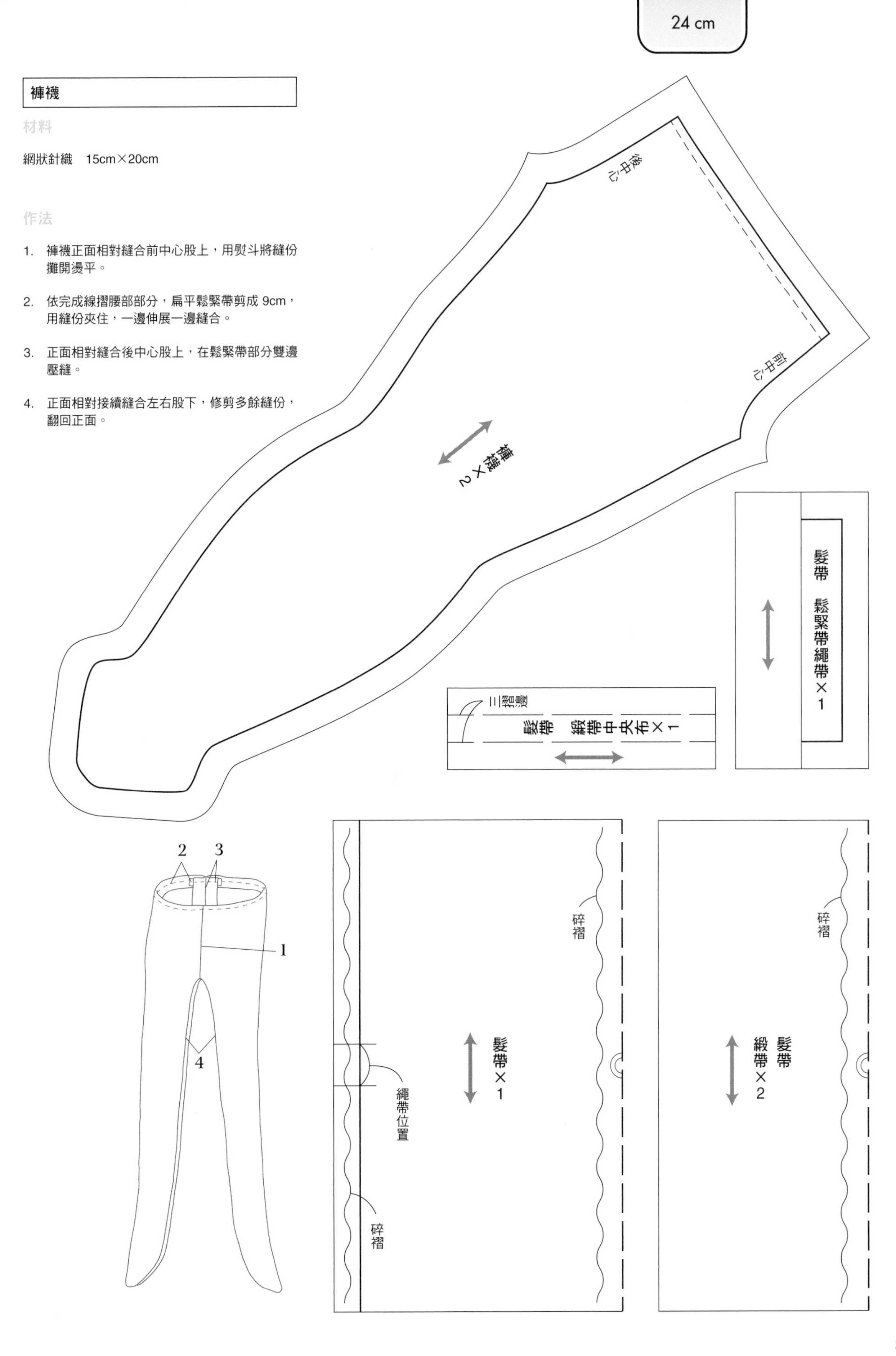

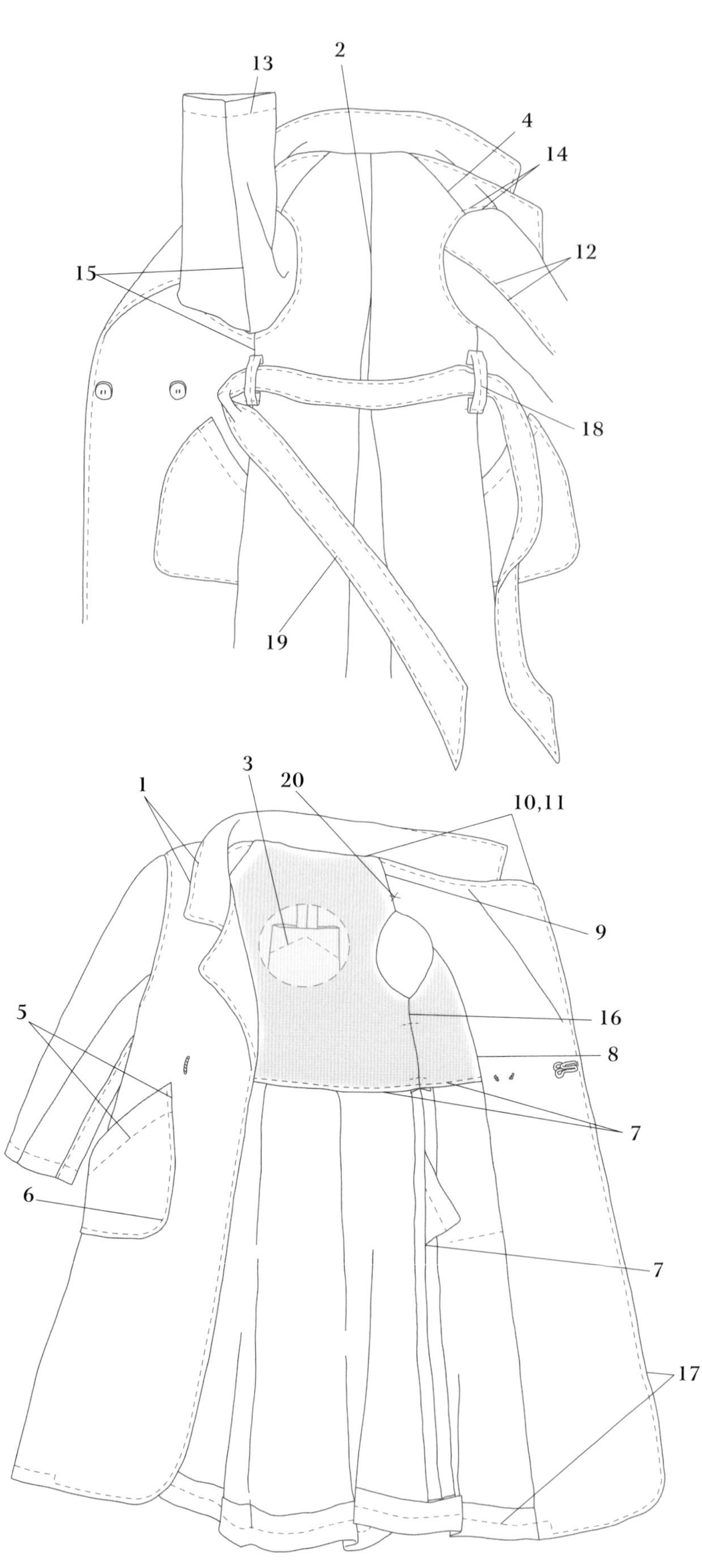

P.10 ● momokoDOLL

大衣外套穿搭

大衣外套

材料

棉布料　40cm×50cm
細棉布（裡布用）　20cm×10cm
直徑 5mm 鈕扣　2 顆
0 號風紀扣公扣　1 組

作法

1. 衣領正面相對縫合後，修剪多餘縫份並剪去邊角，翻回正面，在衣領周圍加上縫線。
2. 後上身正面相對縫合後中心至接縫止點。
3. 分別摺出後上身左右百褶的山線，一一從接縫止點縫合●的部分，做出暗褶。
4. 前後上身正面相對縫合肩線，用熨斗將縫份攤開燙平，做出正面上身。
5. 袋口縫份往正面摺，縫合◎處，剪去縫份的邊角，翻回正面，在袋口加上縫份。
6. 平針縫出袋底圓弧，收緊縫線，做出圓弧形，依完成線摺縫份後，再將口袋縫在上身指定位置。
※袋口縫合成稍微寬鬆的形狀。
7. 前面側邊裡布和後上身裡布下襬，分別依完成線摺起，加上縫線。
8. 貼邊布和前面側邊裡布正面相對縫合，縫份往側邊倒。
9. 步驟 8 以及後上身裡布衣襬正面相對縫合肩線，縫份往後上身倒，做成裡布上身。
10. 表裡布上身夾住衣領，用珠針固定，接續縫合貼邊布下擺～前開口～領圍至另一側貼邊布下擺。
11. 剪去衣領前端縫份邊角，在領圍縫份、衣襬圓弧各處剪出牙口，翻回正面並用熨斗燙平。
12. 外側衣袖和內側衣袖正面相對縫合，縫份往外側衣袖倒，加上縫線。
13. 依完成線摺袖口，加上縫線。
14. 衣袖和上身正面相對縫合，縫份往上身倒，在上身加上縫線。
15. 前後上身正面相對接續縫合側邊～衣袖下方，在側邊上部的縫份剪出牙口，用熨斗將縫份攤開燙平。

16. 後上身裡布和前面側邊正面相對縫合側邊，用熨斗將縫份攤開燙平。

17. 依完成線摺衣襬，接續在前上身領圍～前端～衣襬～另一側前上身領圍加上縫線。

18. 腰帶圈摺三摺邊，中心加上縫線，縫在上身兩側指定位置。

19. 依完成線摺出腰帶縫份，依完成線摺出腰帶寬度，用布用接著劑固定縫份，並在周圍加上縫線，穿過本體的腰帶圈。

20. 將裡布袖圍縫在表布肩線縫份固定。

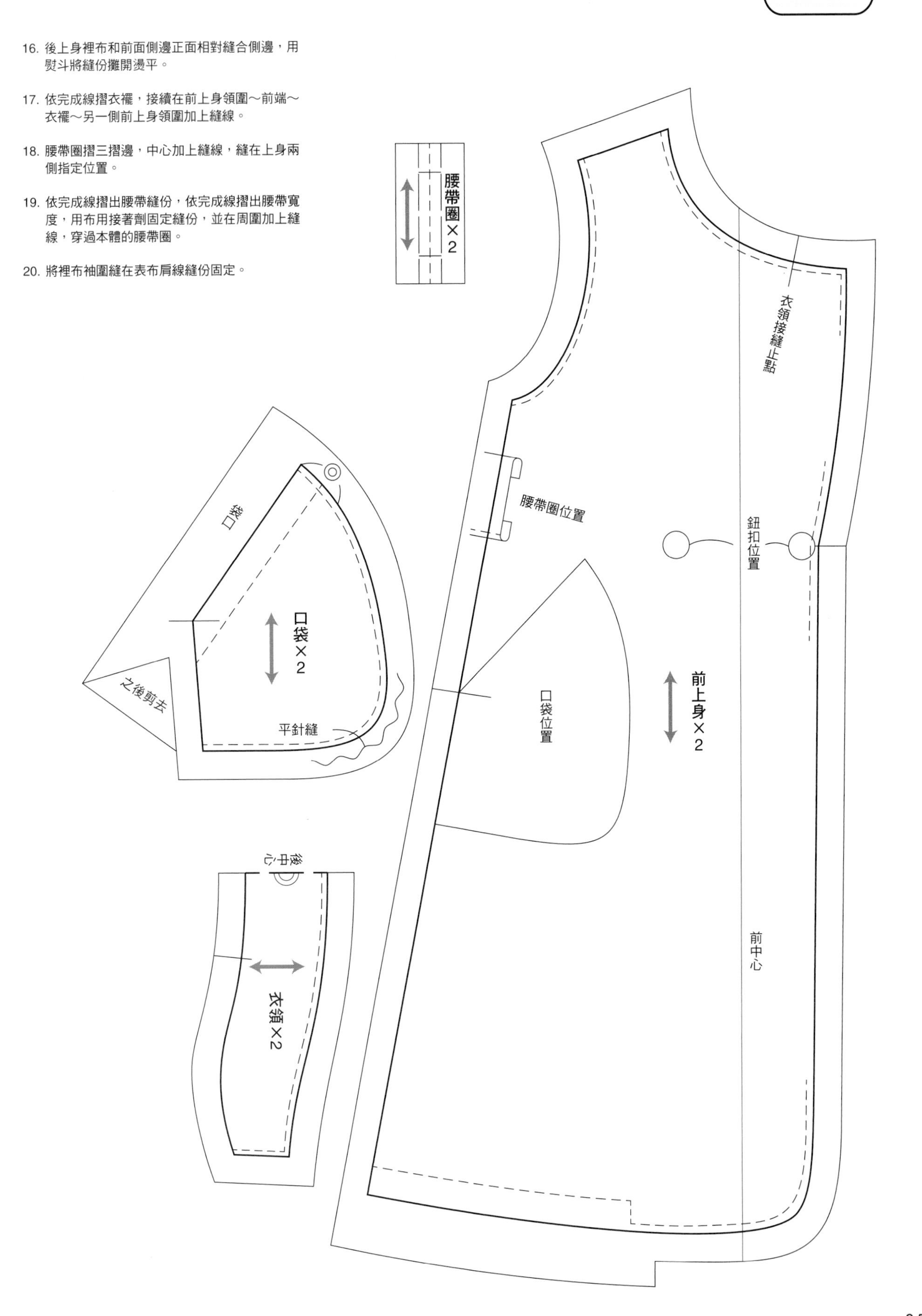

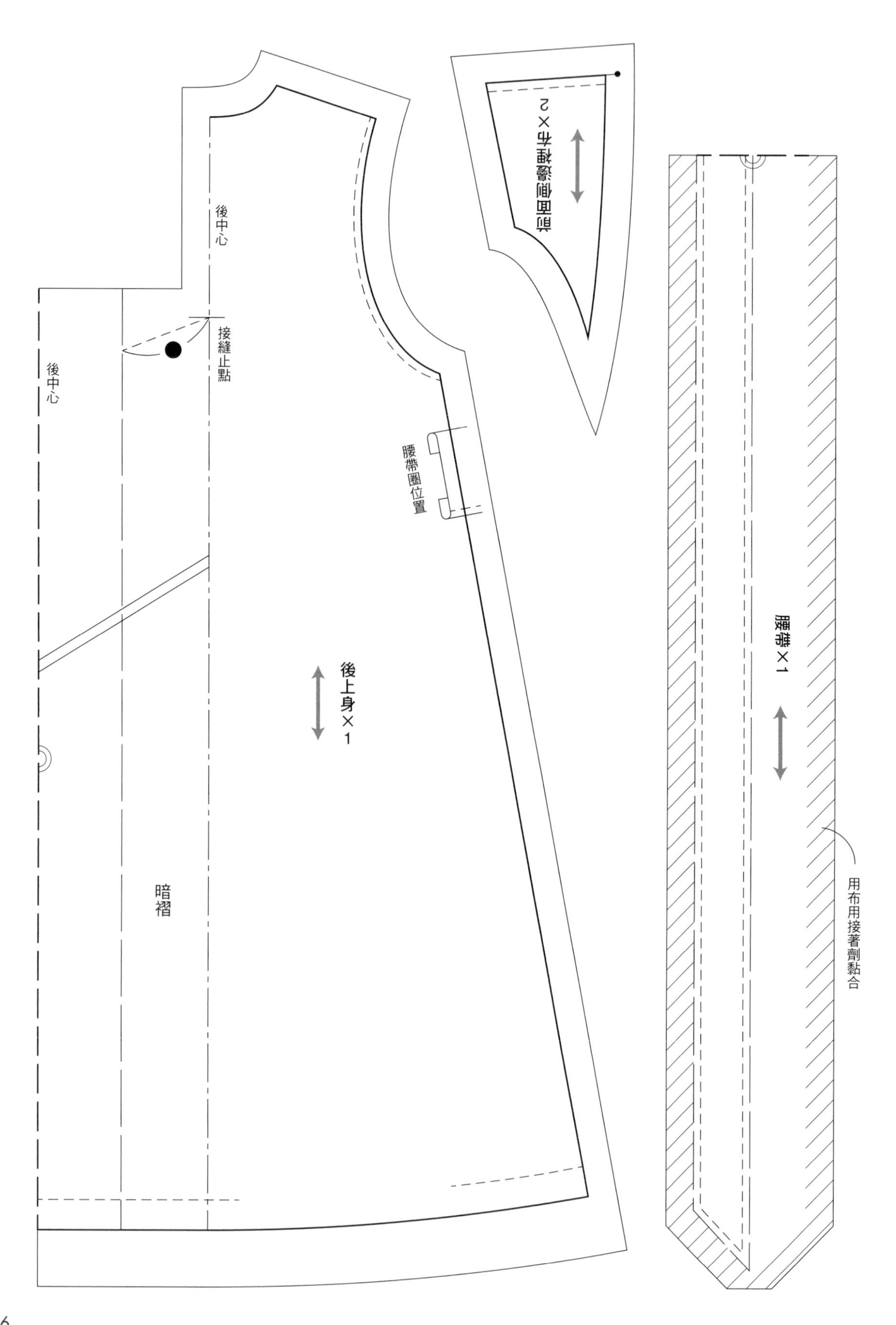
後中心
接縫止點
後中心
腰帶圈位置
後上身×1
暗褶
前面側邊裡布×2
腰帶×1
用布用接著劑黏合

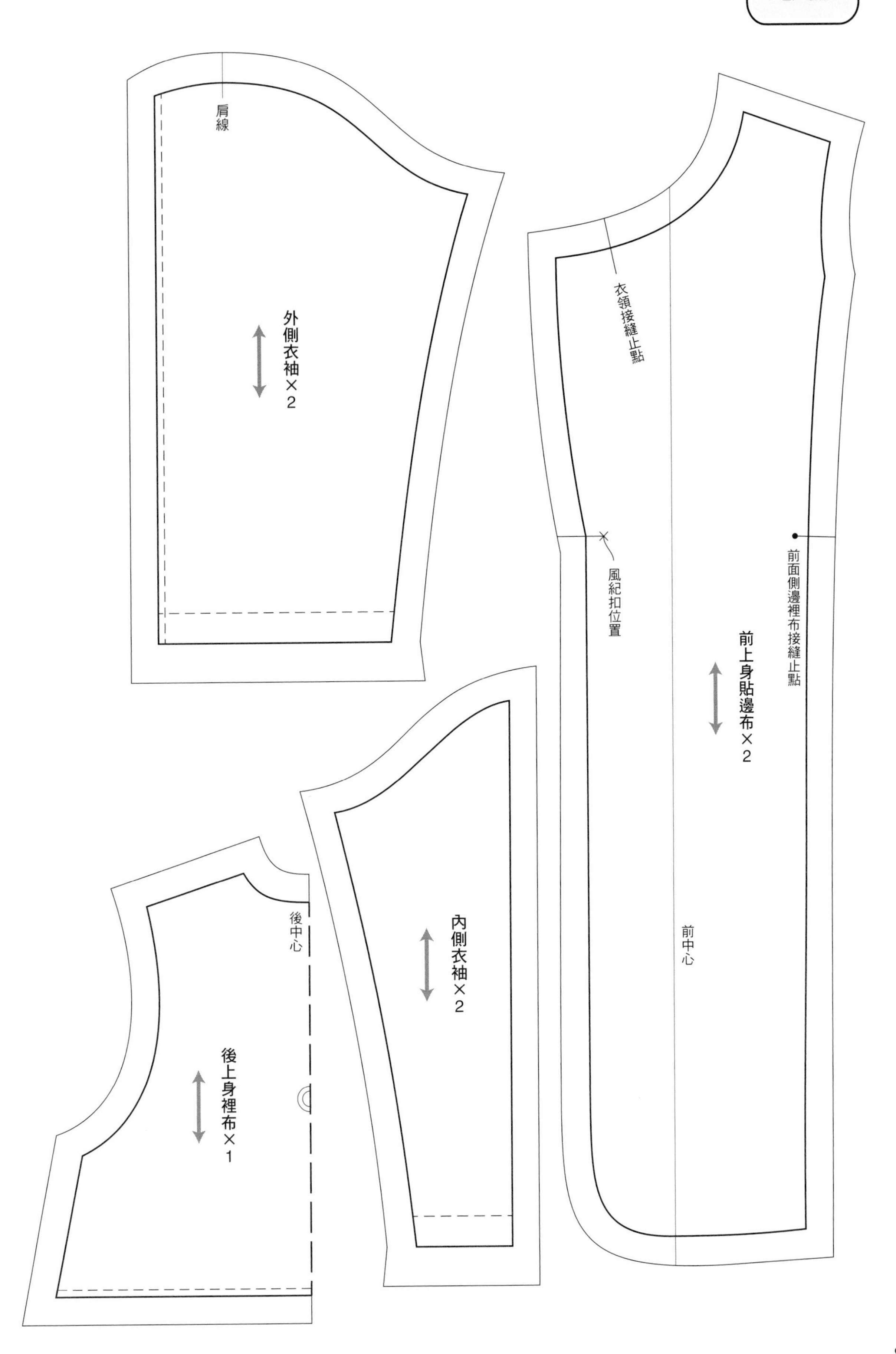
肩線
外側衣袖×2
衣領接縫止點
風紀扣位置
前面側邊裡布接縫止點
前上身貼邊布×2
前中心
後中心
內側衣袖×2
後上身裡布×1

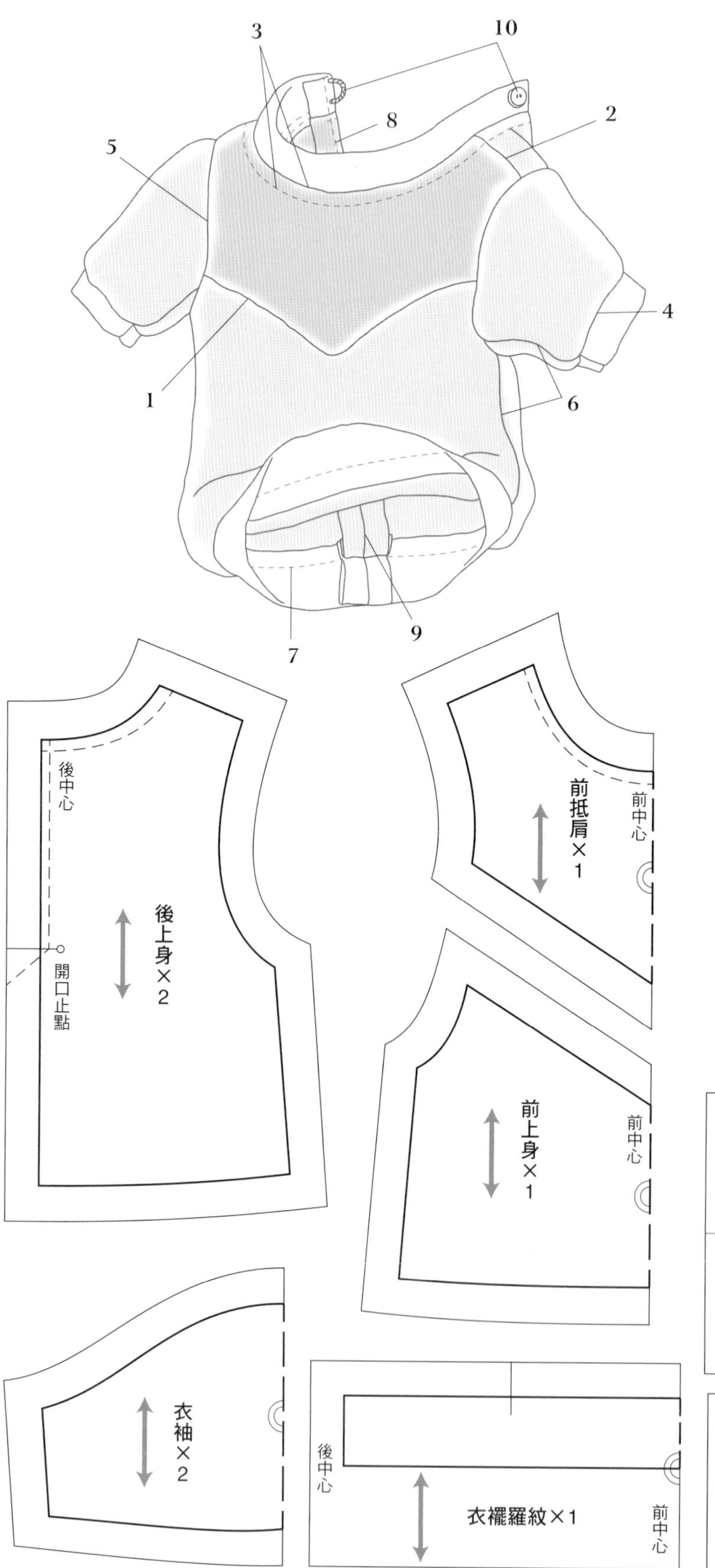

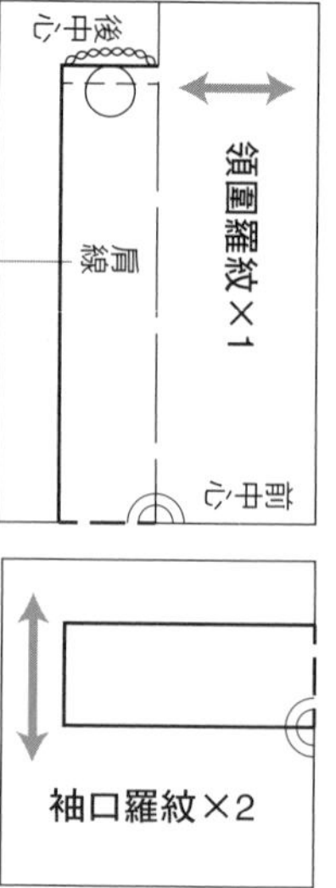

拼接衛衣

材料

藍色平滑針織（前抵肩用） 8cm×7cm
灰色平滑針織（上身、衣袖用） 20cm×16cm
黃色平滑針織（領圍羅紋用） 8cm×2.5cm
白色平滑針織（袖口羅紋、衣襬羅紋用）
16cm×3cm
直徑 4mm 鈕扣 1 顆

作法

1. 前抵肩和前上身正面相對縫合拼接部份，縫份往抵肩倒。
2. 前後上身正面相對縫合肩線，用熨斗將縫份攤開燙平。
3. 領圍羅紋寬度摺半，和上身依記號正面相對縫合，縫份往上身倒，在上身領圍加上縫線。
4. 袖口羅紋寬度摺半，和衣袖正面相對縫合，縫份往衣袖倒。
5. 前後上身和衣袖正面相對縫合後，並將縫份往上身倒。
6. 上身正面相對接續縫合側邊～衣袖下方，在衣袖下方縫份剪出牙口，再用熨斗將縫份攤開燙平。
7. 衣襬羅紋對摺，和上身正面相對縫合，縫份往上身倒。
8. 用熨斗分別熨摺左右後開口至開口止點，並加上縫線。
9. 後中心正面相對，從開口止點縫至衣襬，用熨斗將縫份攤開燙平。
10. 將鈕扣和繩扣縫在指定位置。

碎褶裙

材料

棉布料　35cm×15cm
細棉布（襯裙用）　32cm×16cm
直徑 5mm 按扣　1 組

作法

1. 裙片和襯裙的裙襬分別依完成線摺起，加上縫線。
2. 將襯裙（正面朝上）重疊在裙片正面，從腰部縫至後中心開口止點，在縫份剪出牙口，翻回正面，用熨斗燙平。
3. 一起在外層裙片和襯裙的腰部做出碎褶，和腰帶正面相對縫合，修剪多餘縫份，縫份往腰帶倒。
4. 依完成線摺右後腰帶後中心，像包覆縫份般摺腰帶，用珠針固定。
5. 從正面在腰帶和裙片接縫處的邊緣縫上隱蔽線。
6. 後中心正面相對縫合，裙片和襯裙一起從開口止點縫至衣襬，用熨斗將縫份攤開燙平。
7. 翻回正面，將按扣縫在指定位置。

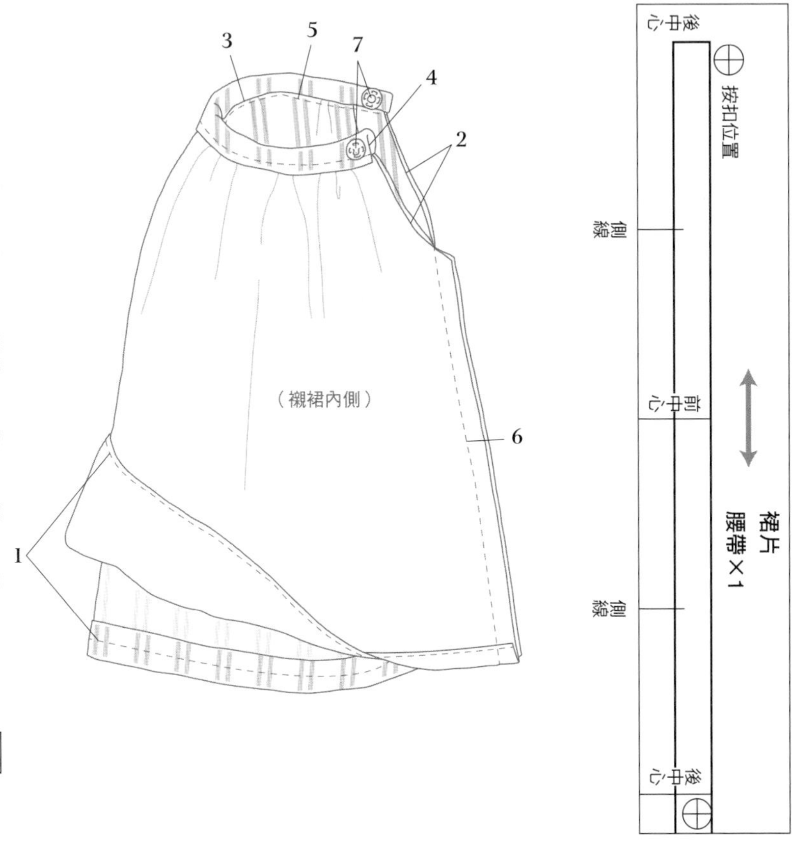

針織帽

材料

薄羅紋針織　10cm×10cm

作法

1. 帽口依山線往內摺，再依谷線往外摺，最後往上摺成翻邊。
2. 帽口摺成翻邊的狀態下，正面相對縫合後中心和前中心的打褶，用熨斗將縫份攤開燙平。
3. 前後中心相對縫合上部打褶，在不影響正面的情況下，將內側反摺邊緣縫固定後翻回正面。

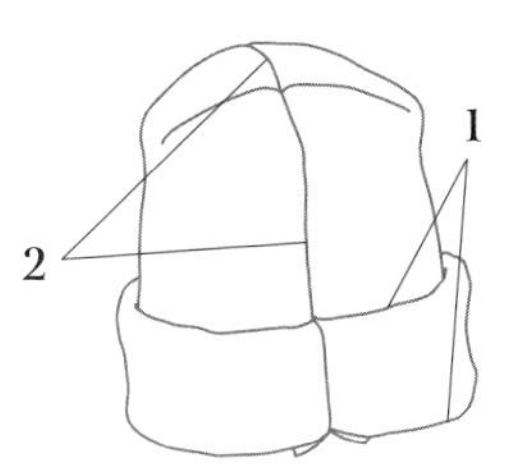

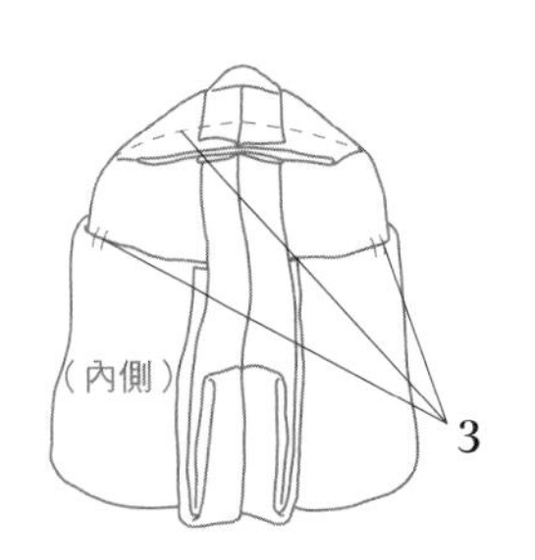

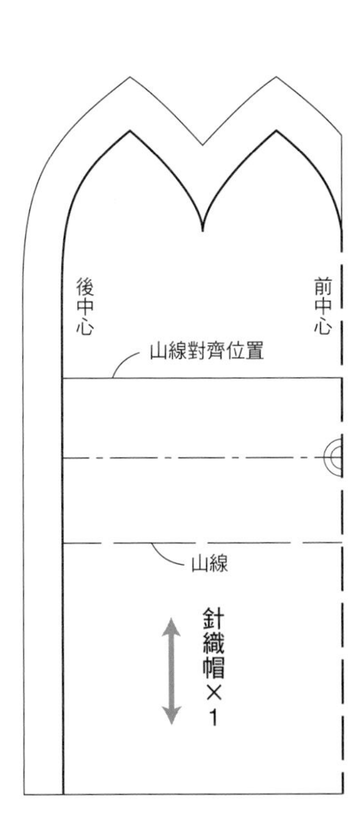

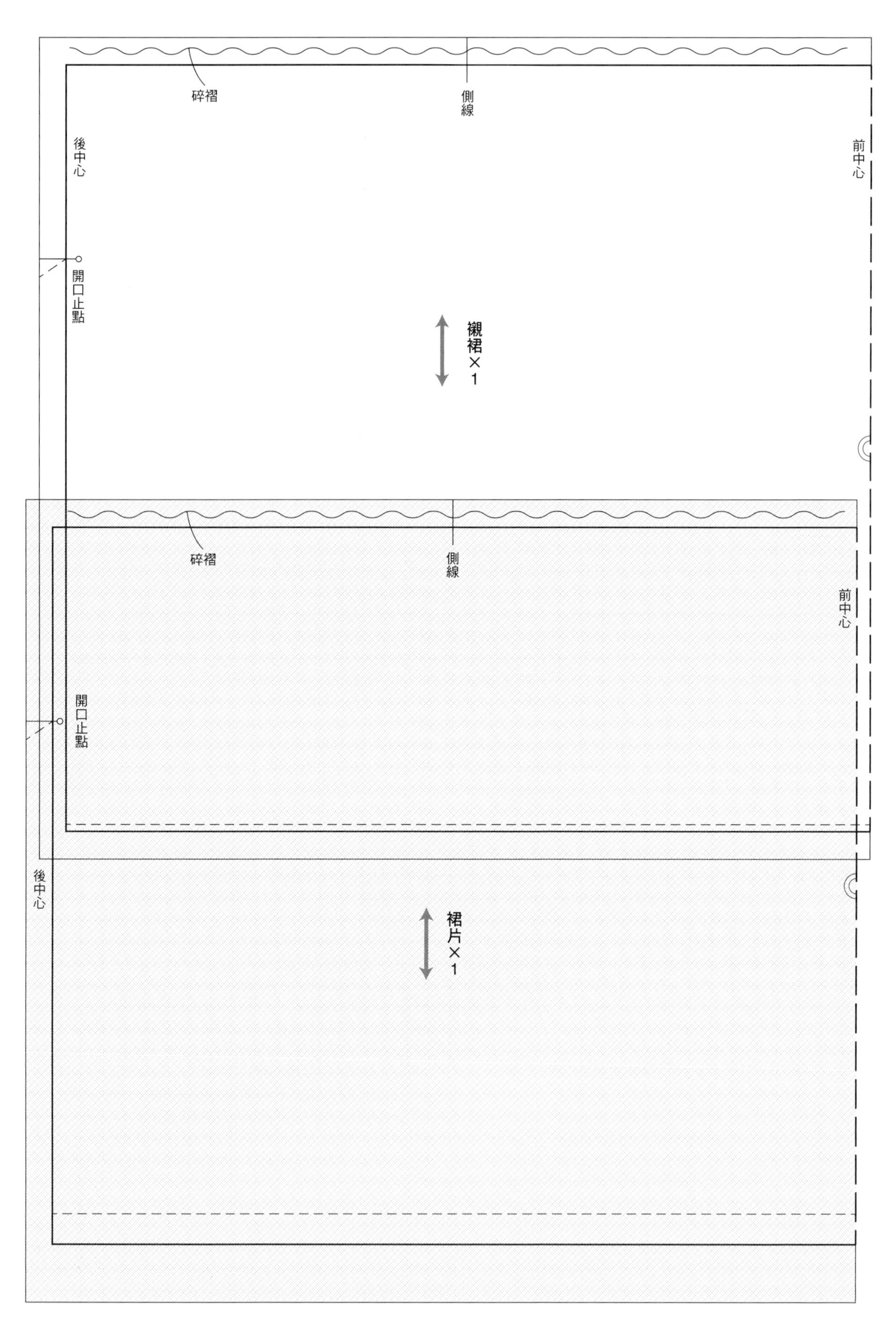

碎褶
側線
後中心
前中心
開口止點
襯裙×1
碎褶
側線
前中心
開口止點
後中心
裙片×1

肩背包

材料

白色帆布　11cm×22cm
有色帆布（包底部件用）　10cm×6cm
細棉布（掀蓋貼邊布用）　6cm×6cm

作法

1. 背面部件掀蓋部分和背面掀蓋貼邊布正面相對縫合，修剪多餘縫份，在圓弧剪出牙口，在接縫止點部份的縫份剪出牙口，翻回正面，用熨斗燙平，在邊緣加上縫線。
2. 依完成線摺前面部件、側邊部件上部，分別加上縫線。
3. 包底部件和步驟 1 的背面部件正面相對縫合，縫份往包底部件倒，在邊緣加上縫線。
4. 包底部件、前面部件和側邊部件同樣正面相對縫合，縫份往包底部件倒，在邊緣加上縫線。
5. 肩帶正面相對縫合，翻回正面，接縫調整至中央，用熨斗燙平，在中央加上縫線。
6. 將步驟 5 的肩帶縫在側邊部件內側的指定位置。
7. 底寬兩側分別正面相對縫合，翻回正面，用熨斗燙平。

短襪

材料

天竺棉　10cm×5cm

作法

1. 依完成線摺襪口，加上縫線。
2. 正面相對縫合後中心，修剪多餘縫份，翻回正面。

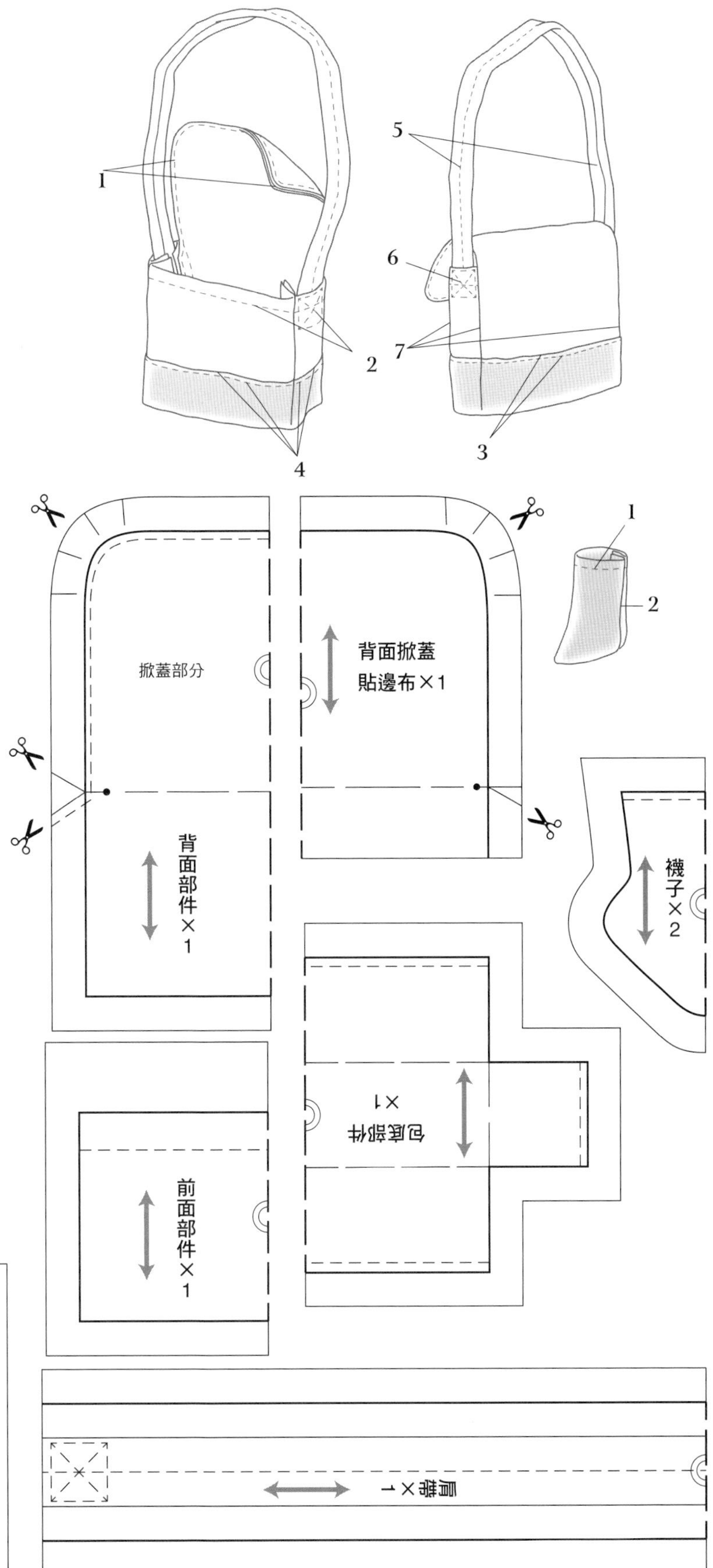

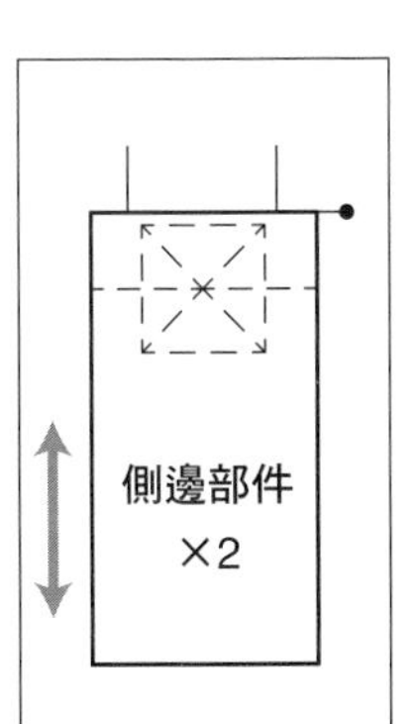

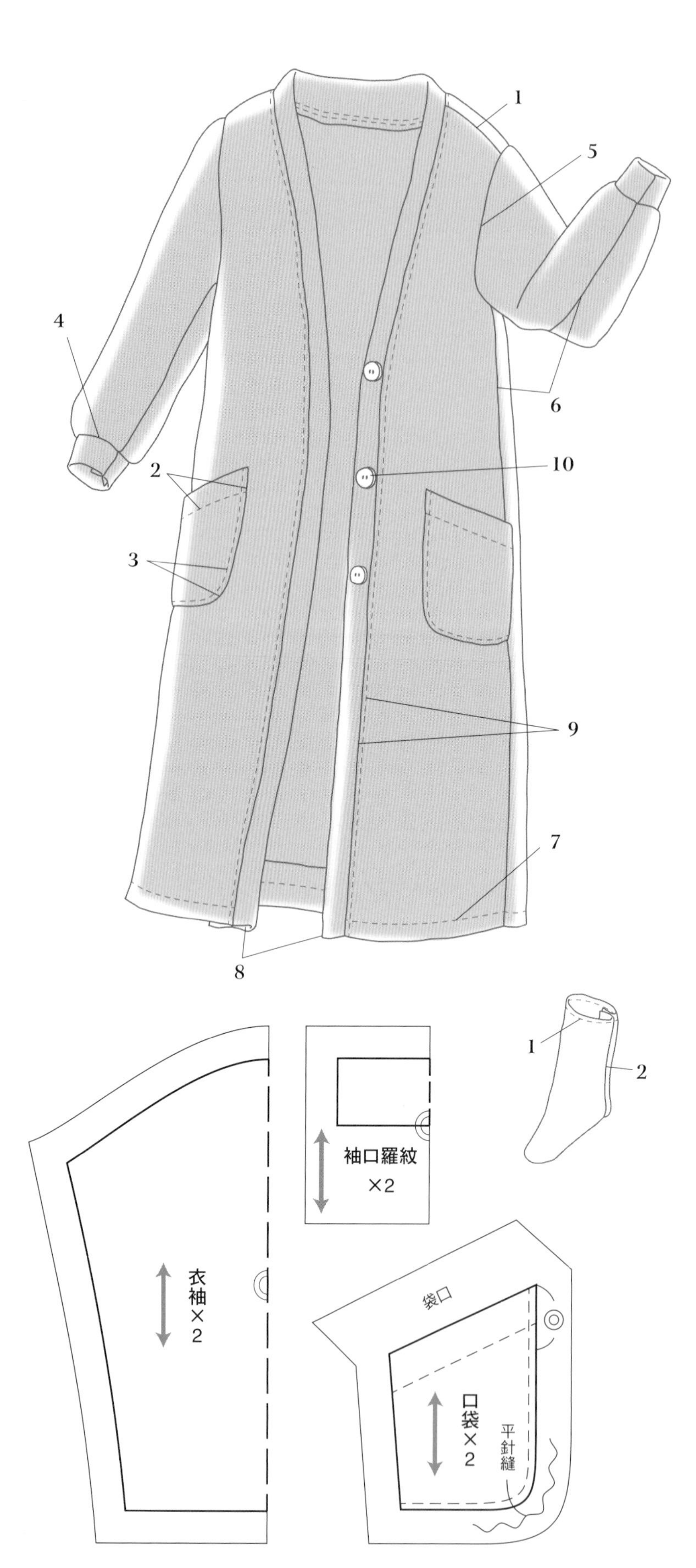

P.4 ● momokoDOLL

長版開襟衫穿搭

長版開襟衫

材料

薄天竺棉　20cm×40cm
直徑 5mm 鈕扣　1 顆

作法

1. 前後上身正面相對縫合肩線，用熨斗將縫份攤開燙平。
2. 袋口縫份往正面摺，縫合◎部分，剪去縫份邊角，翻回正面，在袋口加上縫份。
3. 平針縫出袋底圓弧，收緊縫線，做出圓弧形，縫份依完成線摺起，縫在上身指定位置。
4. 袖口羅紋對摺，和衣袖正面相對，一邊稍微伸展一邊縫合。
5. 上身和衣袖正面相對縫合，縫份往上身倒。
6. 前後上身正面相對接續縫合側邊～衣袖下方，在衣袖下方縫份剪出牙口，用熨斗將縫份攤開燙平。
7. 依完成線摺衣襬，加上縫線。
8. 前端羅紋正面相對縫合兩側，翻回正面，用熨斗沿完成線燙摺。
9. 前端羅紋和上身依記號正面相對縫合，縫份往上身倒，從正面在上身邊緣加上縫線。
10. 將鈕扣縫在指定位置。

通用襪

材料

天竺棉　10cm×6cm

作法

1. 依完成線摺襪口，加上縫線。
2. 正面相對縫合後中心，修剪多餘縫份，翻回正面。

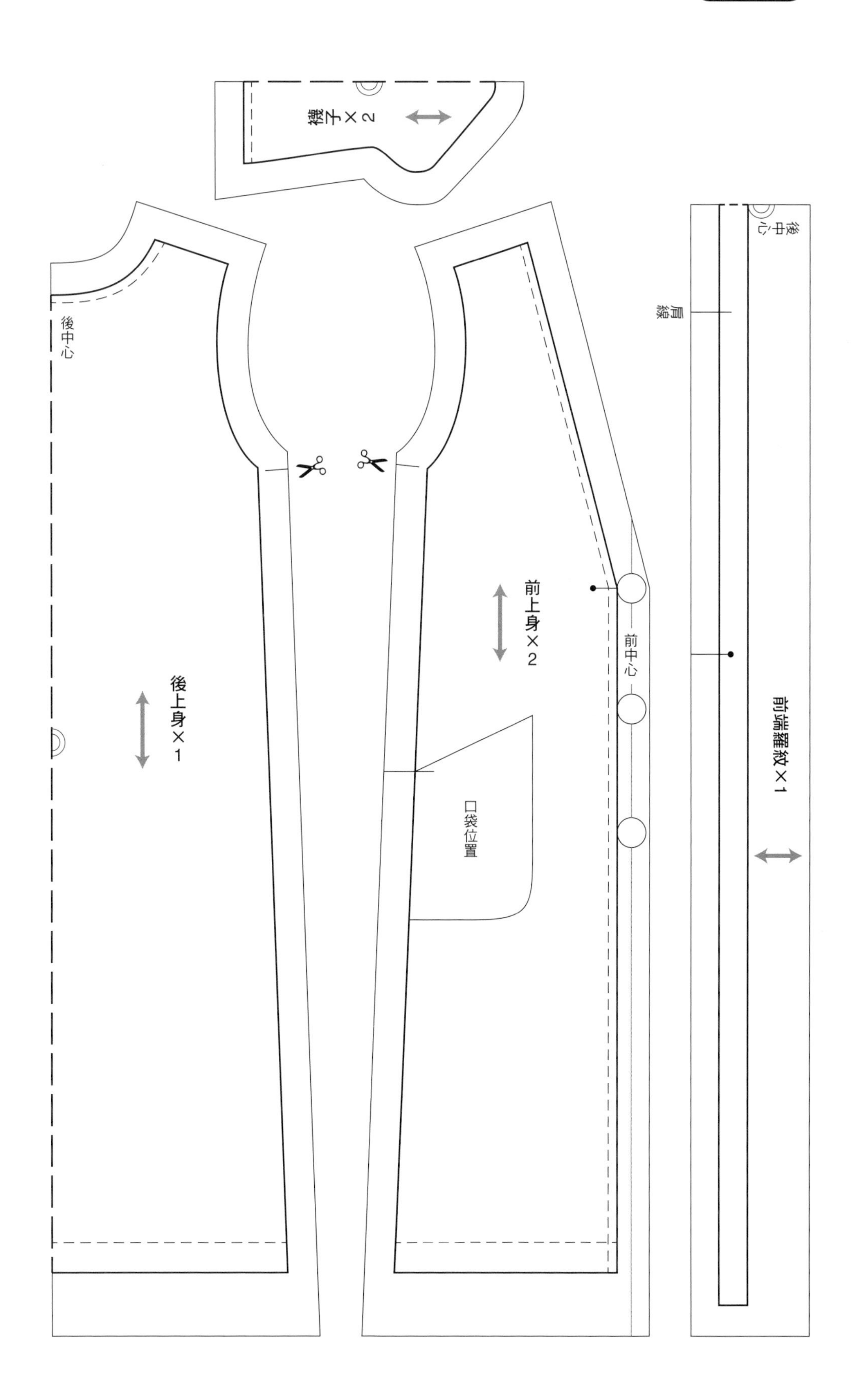
襪子×2
後中心
後上身×1
前上身×2
前中心
口袋位置
後中心
肩線
前端羅紋×1

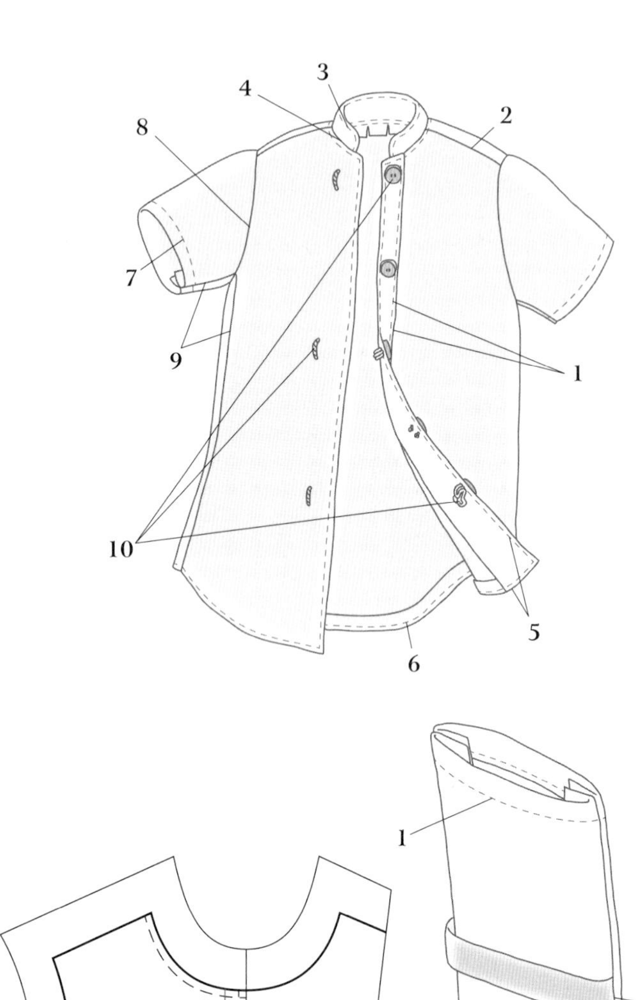

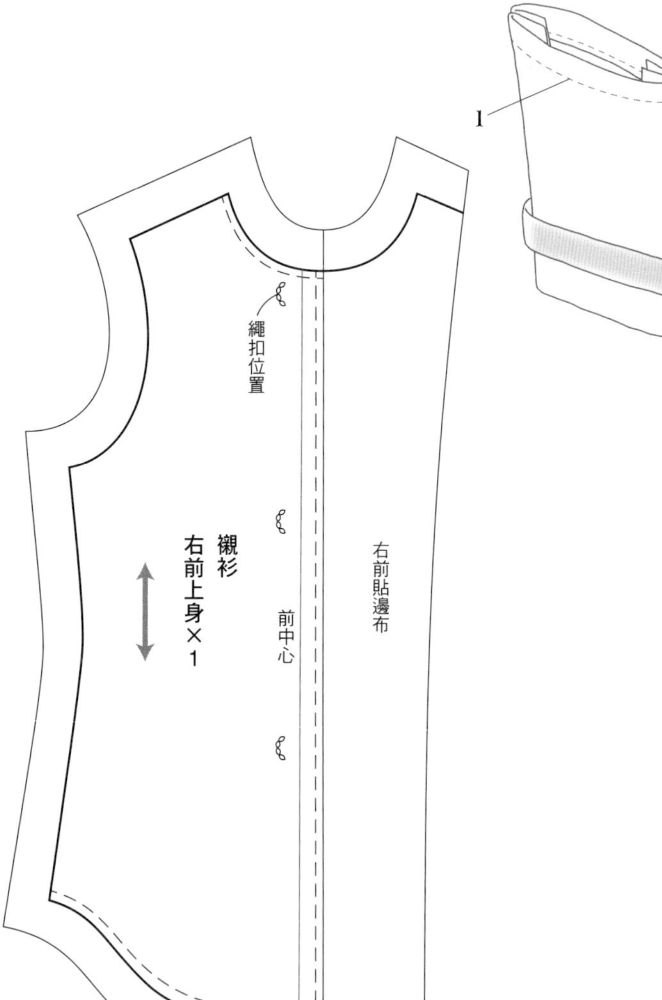

立領襯衫

材料

方格紋棉布　24cm×13cm
細平棉布（衣領、左前貼邊布用）　8cm×13cm
直徑 4mm 鈕扣　5 顆
0 號風紀扣公扣　3 個

作法

1. 左前上身和左前貼邊布正面相對縫合，縫份往前端倒，在門襟部份的邊緣加上縫線。
2. 前後上身正面相對縫合肩線，用熨斗將縫份攤開燙平。
3. 衣領正面相對縫合，修剪多餘縫份，在圓弧部分各處剪出牙口，翻回正面，在衣領周圍加上縫線。
4. 衣領依記號用珠針固定在上身，用前貼邊布夾住縫合領圍，並在縫份各處剪出牙口，翻回正面，用熨斗燙平。
5. 前面衣襬以及貼邊布正面相對縫合，依完成線摺衣襬，將貼邊布翻回正面，接續在前面衣襬～前端～領圍的邊緣加上縫線。
6. 依完成線摺後上身衣襬，加上縫線。
7. 依完成線摺袖口，加上縫線。
8. 衣袖和上身正面相對縫合，縫份往衣袖倒。
9. 前後上身正面相對接續縫合側邊～衣袖下方，在衣袖下方縫份剪出牙口，用熨斗將縫份攤開燙平。
10. 將鈕扣、風紀扣和繩扣縫在指定位置。

手拿包

材料

麻布　8cm×20cm
10mm 寬皮帶　7cm

作法

1. 依完成線摺包口部份，加上縫線。
2. 正面相對縫合，將皮帶夾在指定位置，兩側縫合，翻回正面。

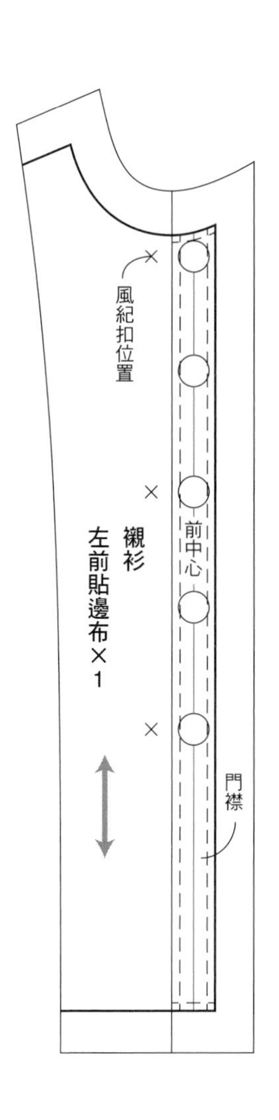
風紀扣位置
前中心
門襟
襯衫
左前貼邊布×1

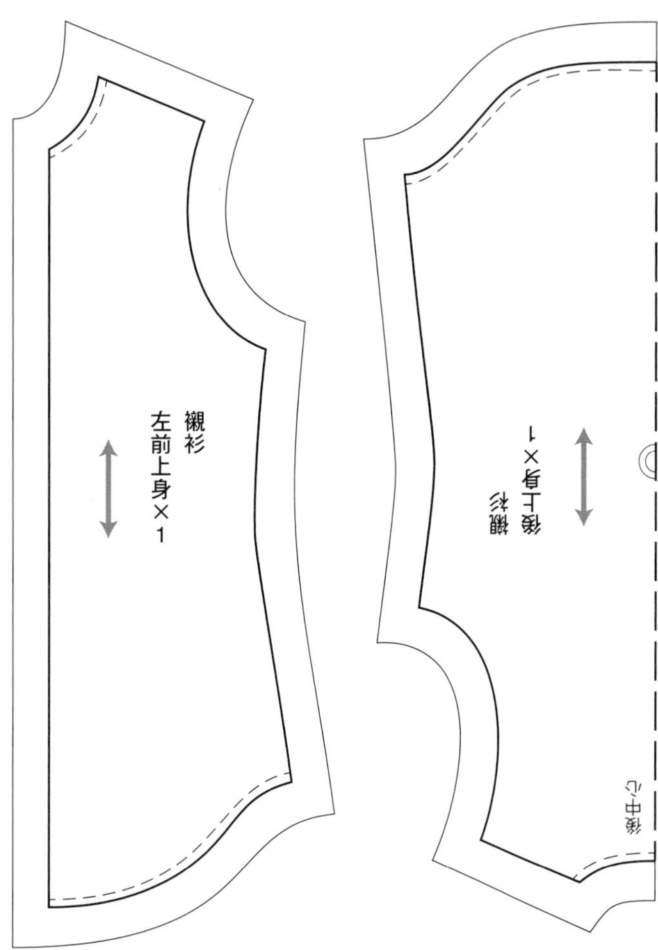
襯衫
左前上身×1

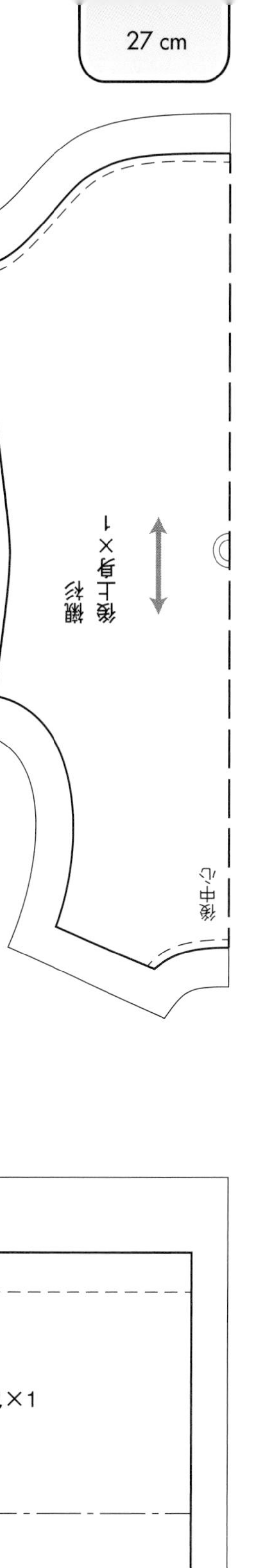
襯衫
後上身×1
後中心

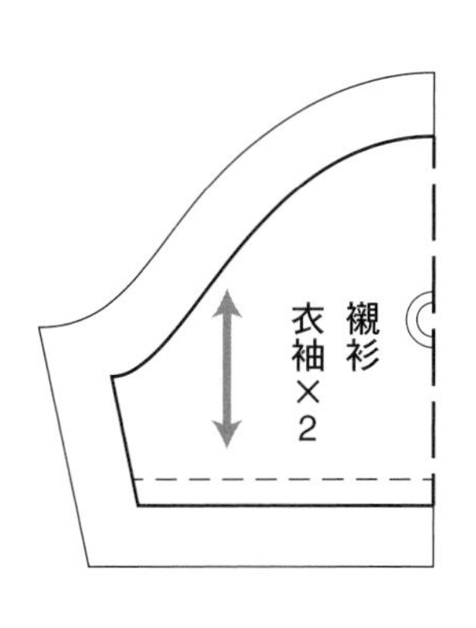
襯衫
衣袖×2

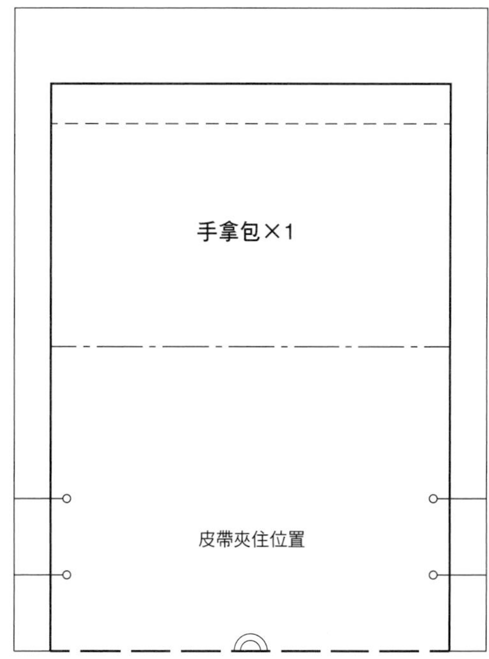
手拿包×1
皮帶夾住位置

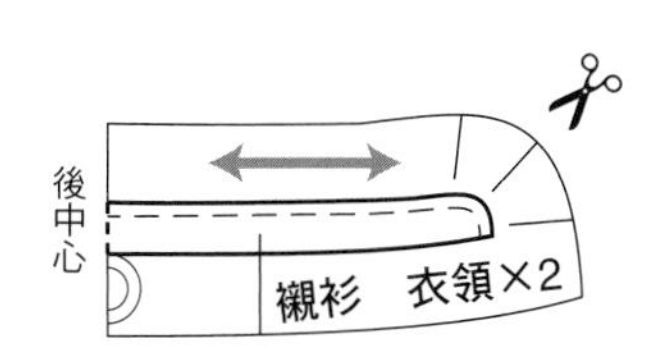
後中心
襯衫　衣領×2

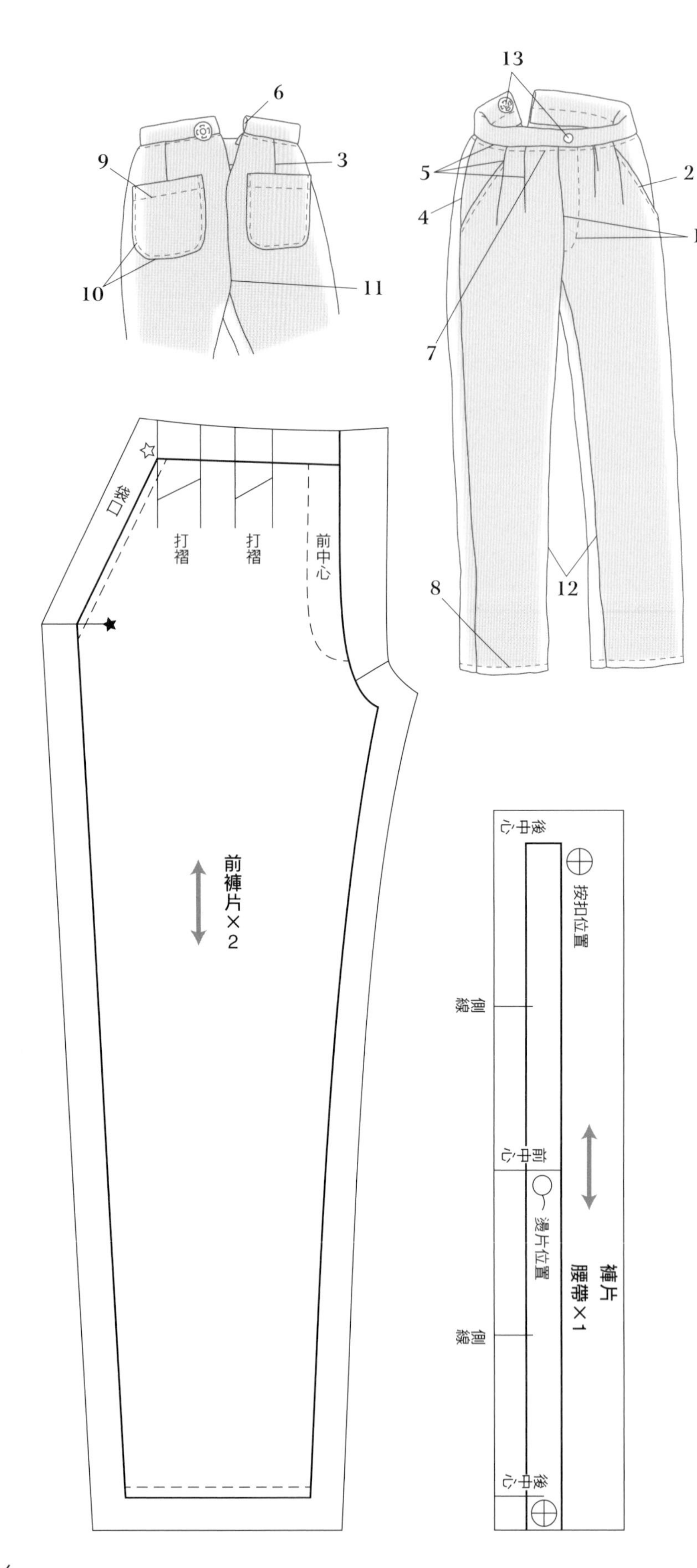

雙褶褲

材料

棉麻布料　20cm×18cm
直徑 5mm 按扣　1 組
直徑 3mm 燙片　1 個

作法

1. 前褲片中心正面相對縫合，縫份往左褲片倒，加上裝飾縫線。
2. 依完成線摺前褲片的袋口，加上縫線。
3. 縫製後褲片的打褶，往後中心倒。
4. 將袋口墊布用珠針固定在前褲片袋口，和後褲片正面相對縫合側邊，再用熨斗將縫份攤開燙平。
5. 前褲片打褶重疊用珠針固定，和腰帶正面相對縫合，修剪多餘縫份往腰帶倒。
6. 依完成線摺右後側腰帶後中心，像包覆縫份般摺腰帶，用珠針固定。
7. 從正面在腰帶和褲片的接縫線邊緣加上隱蔽線。
8. 依完成線摺褲襬，加上縫線。
9. 依完成線摺後袋口，加上縫線。
10. 平針縫合底部圓弧，做出圓弧形，依完成線摺縫份，將口袋縫在指定位置。
11. 正面相對縫合後股上至開口止點，縫份往右褲片倒。
12. 前後褲片正面相對接續縫合股下，用熨斗將縫份攤開燙平。
13. 將按扣和燙片接合在指定位置。

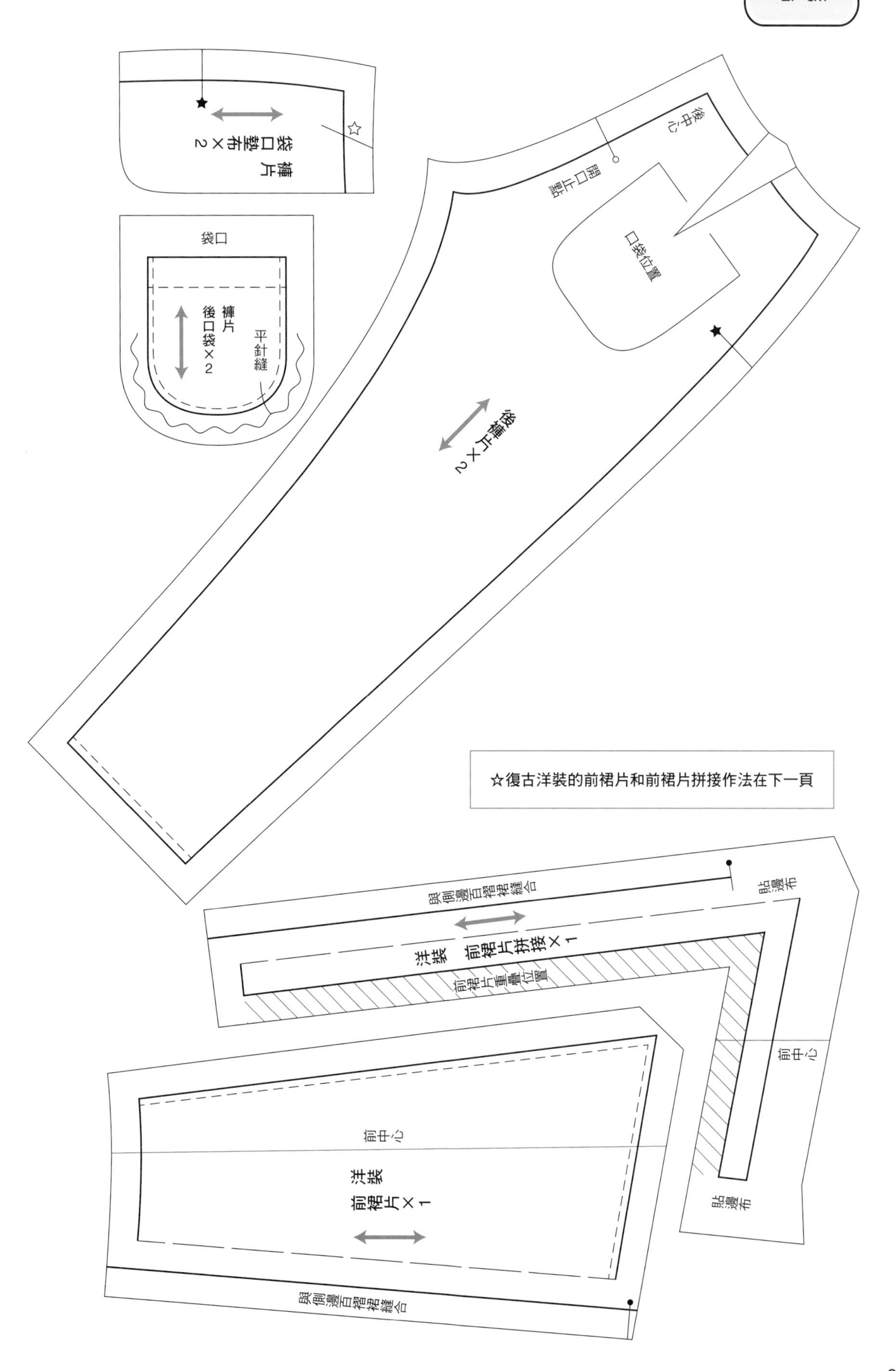

☆復古洋裝的前裙片和前裙片拼接作法在下一頁

P.8 ● momokoDOLL

復古洋裝

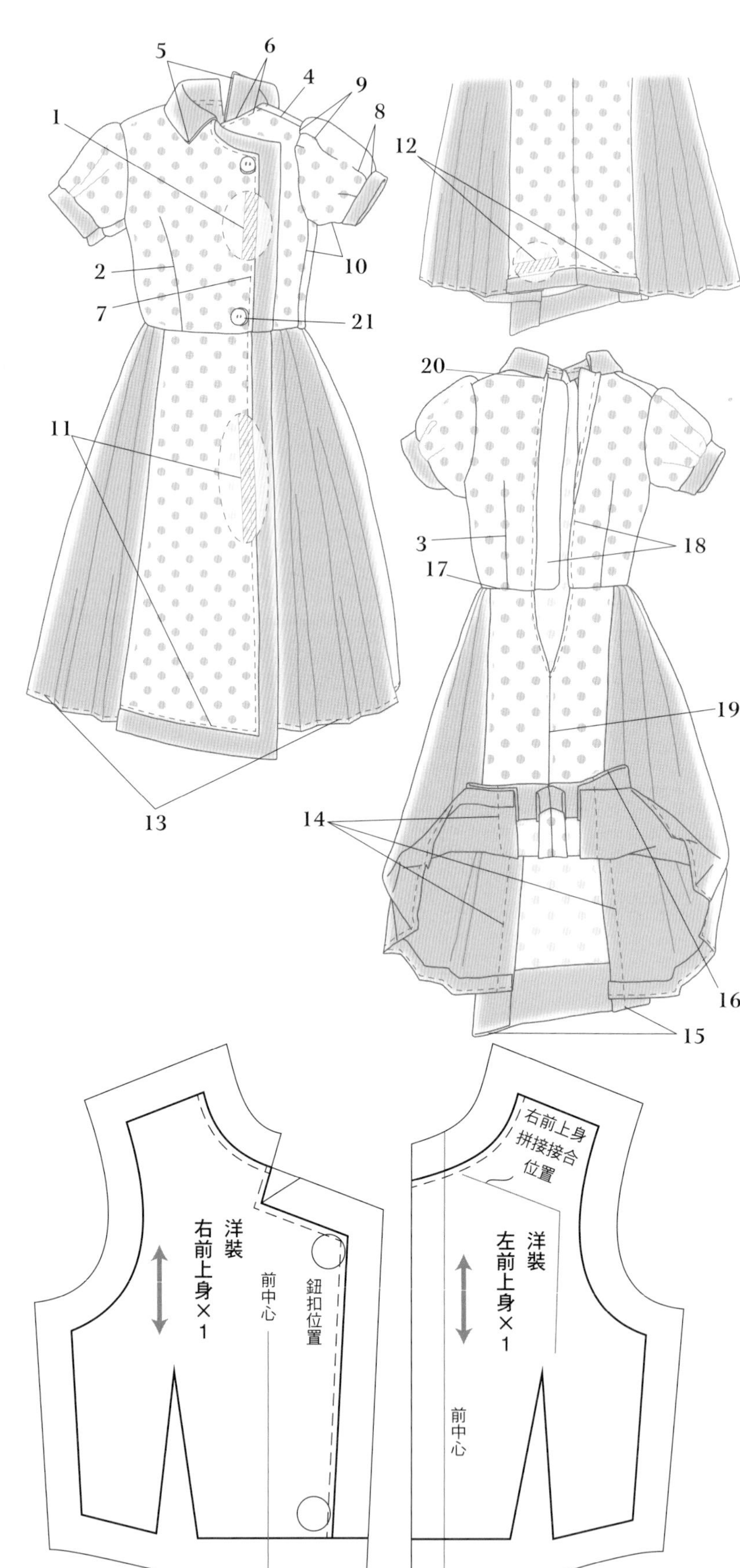

復古洋裝

材料

點點細平棉布　60cm×12cm
素面細平棉布（衣領、拼接、百褶、卡夫用）
40cm×13cm
魔鬼氈　1.2cm×5.5cm
直徑 5mm 鈕扣　2 顆

作法

1. 依完成線摺右前上身的前端，縫份塗上布用接著劑，黏在右前上身拼接的指定位置。
2. 縫製左右前上身的打褶，縫份往中心倒。
3. 縫製左右後上身的打褶，縫份往中心倒。
4. 左右前後上身分別正面相對縫合肩線，用熨斗將縫份攤開燙平。
5. 衣領左右分別正面相對縫合，修剪多餘縫份，剪去邊角，翻回正面。
6. 左右上身分別和衣領正面相對縫合，縫份往上身倒，在領圍邊緣加上縫線。
7. 將右上身重疊在左前上身指定位置，用珠針固定後，在右前上身邊緣縫線固定至下部。
8. 重疊袖口打褶，袖口卡夫對摺，正面縫合，縫份往衣袖倒。
9. 重疊袖山打褶，和上身正面相對縫合，縫份往衣袖倒。
10. 前後上身正面相對接續縫合側邊～衣袖下方，用熨斗將縫份攤開燙平。
11. 依完成線摺前裙片邊緣和衣襬，縫份塗上布用接著劑，黏在前裙片拼接的指定位置，在邊緣加上縫線。
12. 後裙片衣襬分別依完成線摺起，縫份塗上布用接著劑，黏在後裙片拼接的指定位置，在邊緣加上縫線。
13. 側邊百褶裙襬分別依完成線摺起，加上縫線，依尺寸做出左右對稱的百褶，再將褶襬重疊疏縫。
※紙型為右側，所以請對稱摺出左側褶襬。

14. 左右側的百褶裙分別和前裙片、後裙片正面相對縫合。
15. 前裙片拼接的貼邊布部份正面相對縫合下襬線，剪去邊角縫份，翻回正面，用熨斗燙平。
16. 分別將左右後裙片拼接的貼邊布部份，正面相對縫合下襬線，翻回正面，用熨斗燙平。
17. 上身和裙片正面相對縫合，縫份往上身倒。
18. 將魔鬼氈黏在後中心，加上縫線至開口止點。
19. 衣襬依完成線摺好的情況下，後中心正面相對縫合，從開口止點縫至裙襬，用熨斗將縫份攤開燙平。
20. 翻回正面，後衣領邊緣縫在本體固定。
21. 將裝飾緞帶縫在指定位置。

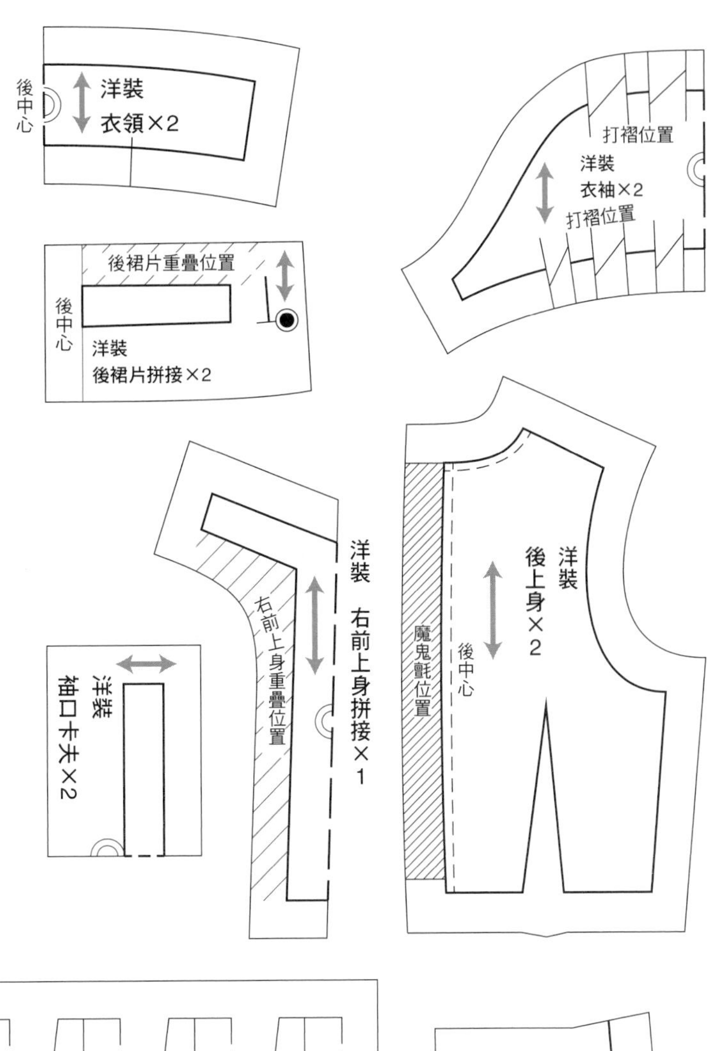

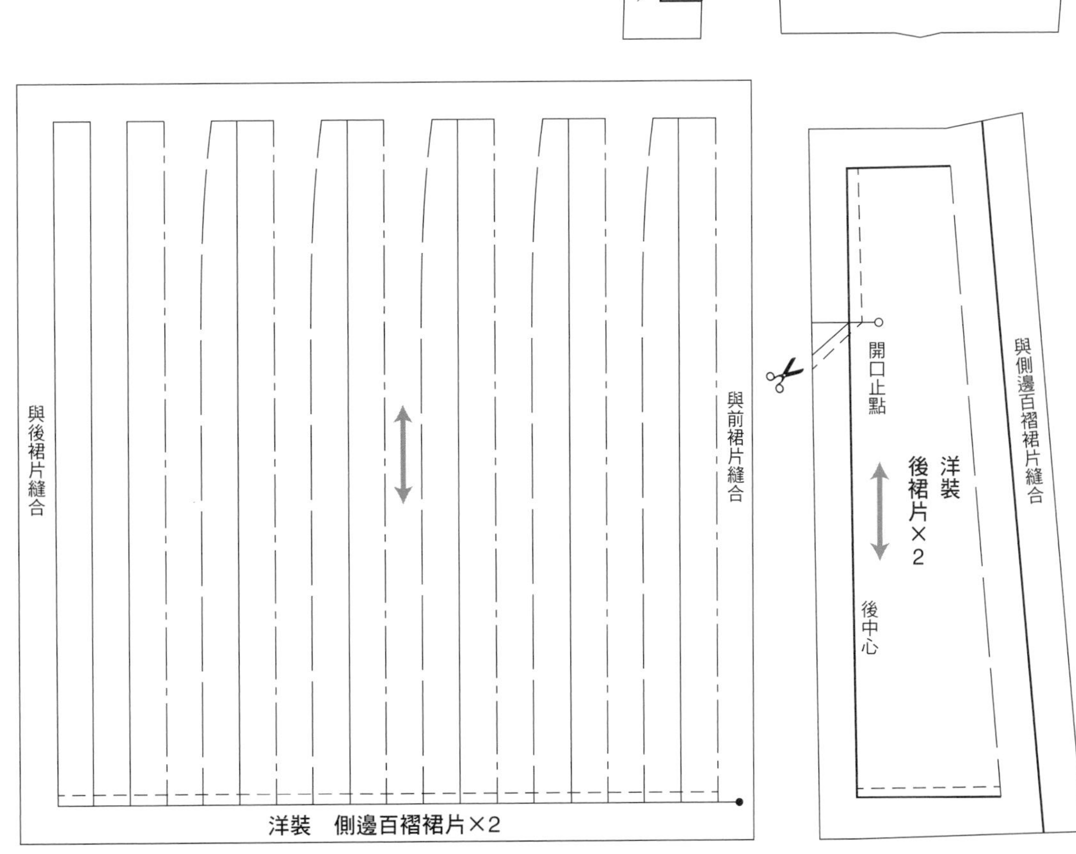

P.6 ● momokoDOLL

睡袍外套穿搭

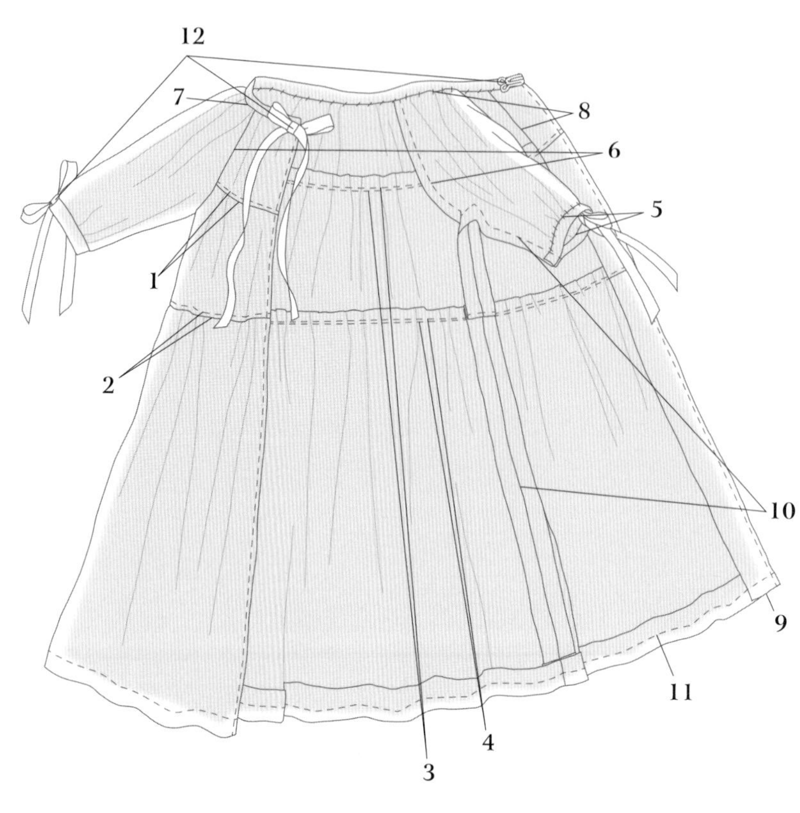

睡袍外套

材料

薄棉布料　50cm×25cm
0 號風紀扣　1 組
4mm 寬緞帶　40cm

作法

1. 在前上身 B 的上部做出碎褶，和前上身 A 正面相對縫合，縫份往上倒，從正面在邊緣加上縫線。
2. 在前上身 C 的上部做出碎褶，再和步驟 1 正面相對縫合，縫份往上倒，從正面在邊緣加上縫線。
3. 在後上身 B 的上部做出碎褶，和後上身 A 正面相對縫合，縫份往上倒，從正面在邊緣加上縫線。
4. 在後上身 C 的上部做出碎褶，再和步驟 3 正面相對縫合，縫份往上倒，從正面在邊緣加上縫線。
5. 在袖口做出碎褶，再和袖口滾邊條正面相對縫合，修剪多餘縫份，用滾邊條包覆縫份，在內側縫上邊縫。
6. 衣袖分別和前後上身正面相對縫合，縫份往上身倒。
7. 在領圍做出碎褶，和領圍滾邊條正面相對縫合。
8. 修剪多餘縫份，依完成線摺前貼邊布，用滾邊條包覆縫份，縫上邊縫。
9. 前貼邊布下襬部份正面相對縫合，翻回正面。
10. 前後上身正面相對接續縫合側邊～衣袖下方，用熨斗將縫份攤開燙平。
11. 依完成線摺衣襬，加上縫線。
12. 左右袖口分別加上剪成 10cm 的緞帶，領圍縫上剪成 20cm 的緞帶和風紀扣。

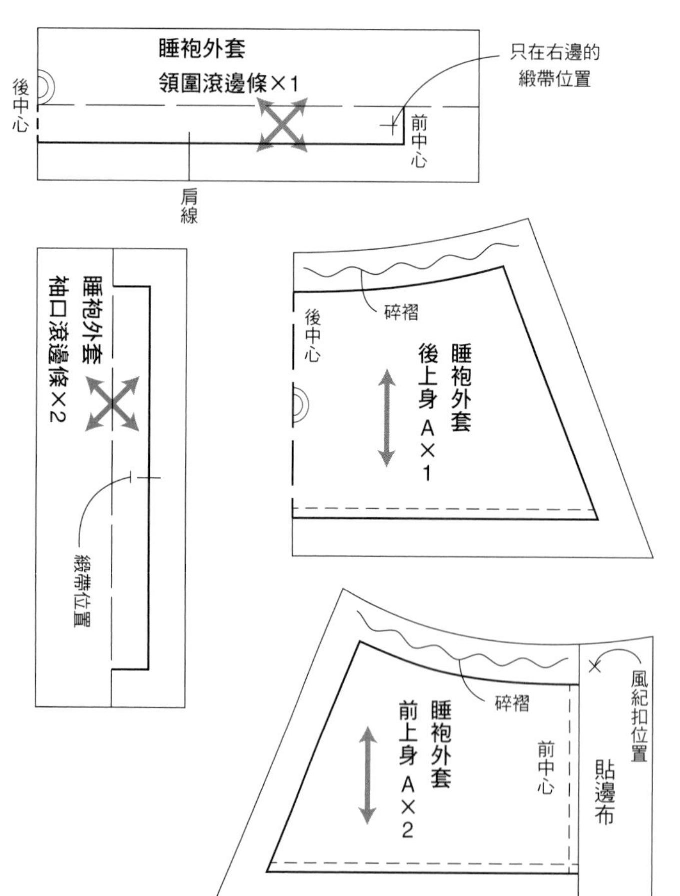

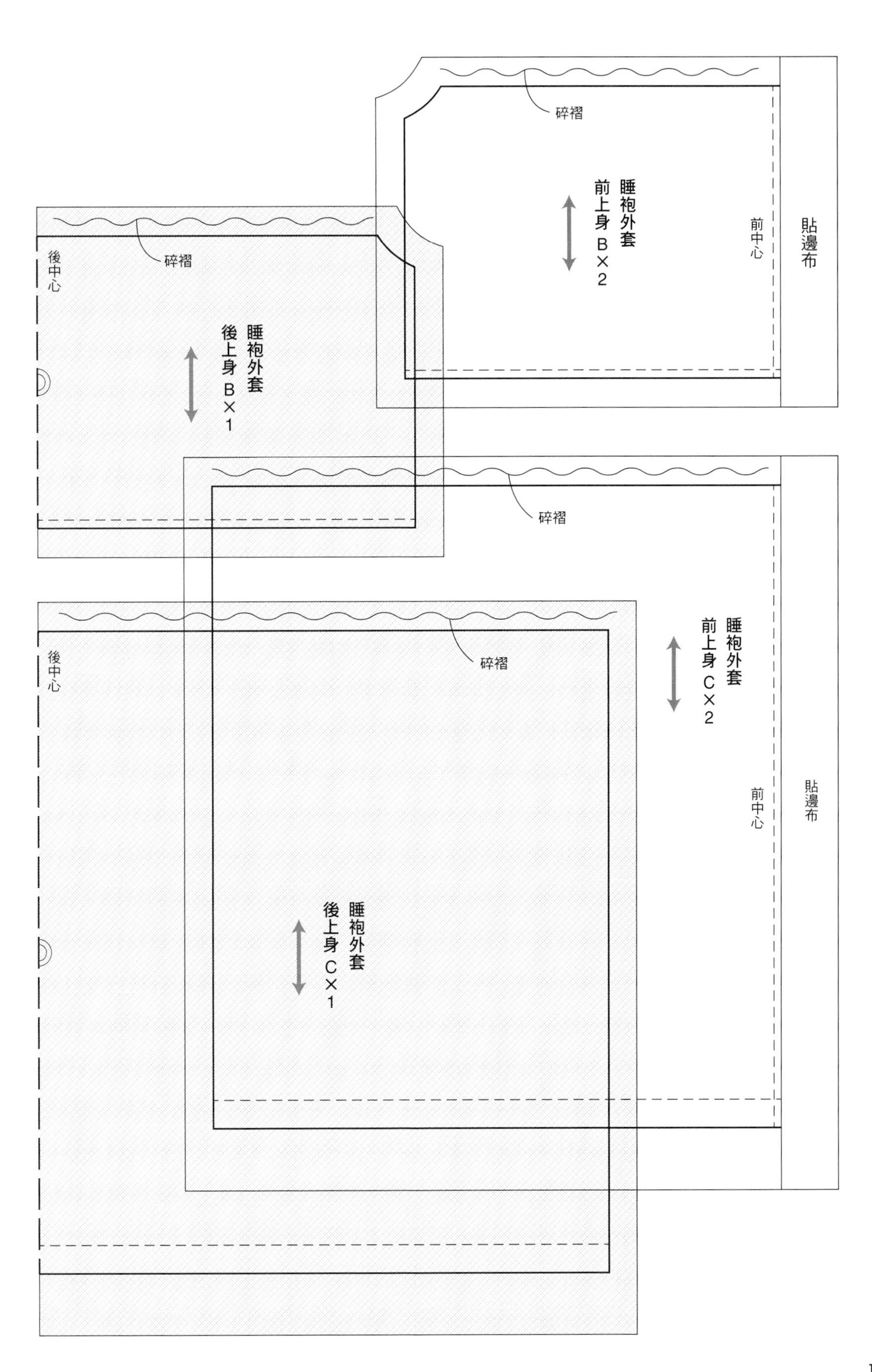
碎褶
睡袍外套
前上身 B×2
前中心
貼邊布
碎褶
後中心
睡袍外套
後上身 B×1
碎褶
碎褶
後中心
睡袍外套
前上身 C×2
前中心
貼邊布
睡袍外套
後上身 C×1

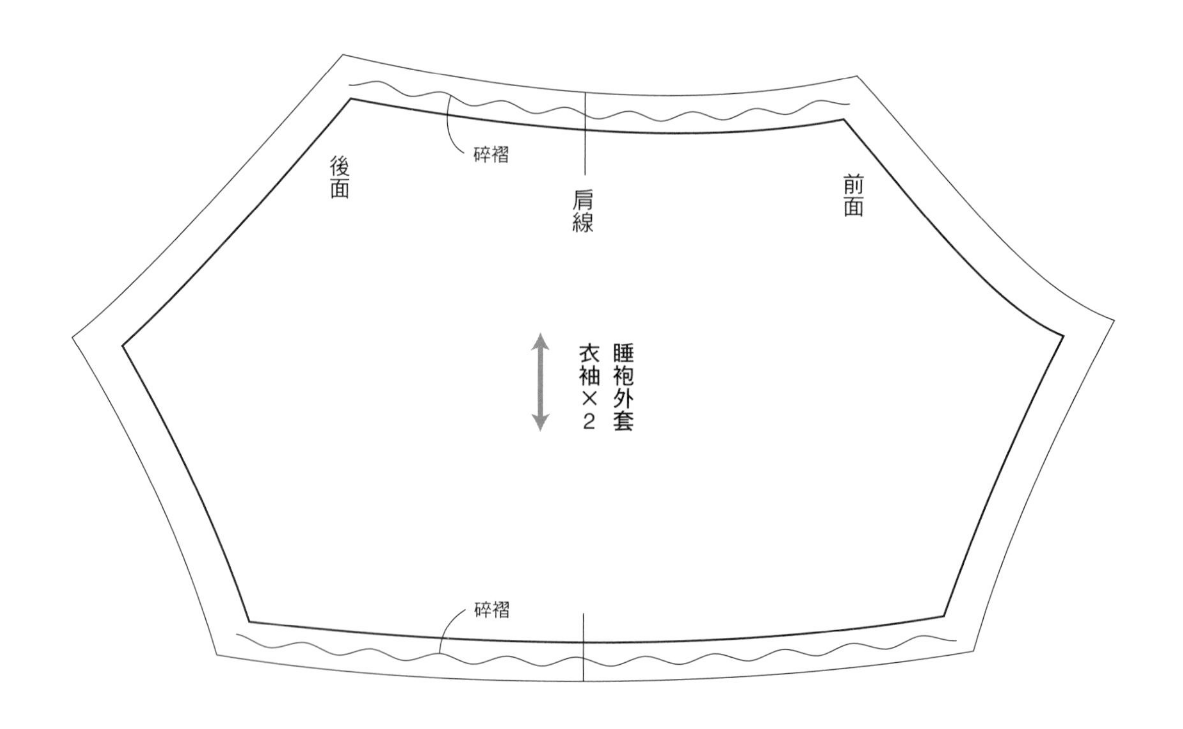

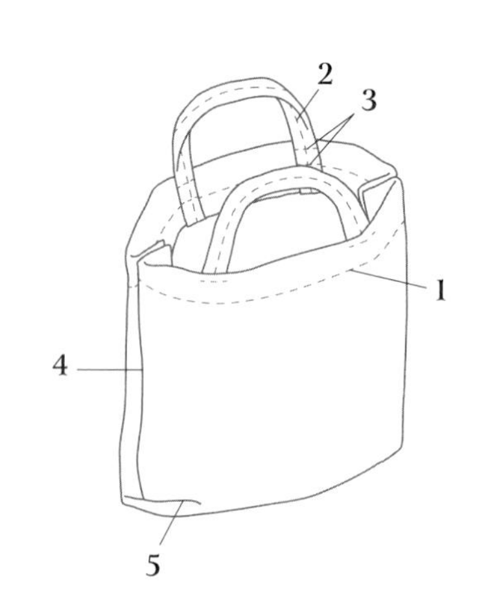

點點包

材料

棉質帆布　9cm×15cm

作法

1. 依完成線摺包口，加上縫線。
2. 提把摺三摺邊，用布用接著劑黏合縫份，加上縫線。
3. 將提把縫在包口指定位置。
4. 正面相對縫合兩側，用熨斗將縫份攤開燙平。
5. 縫製底寬部分，翻回正面。

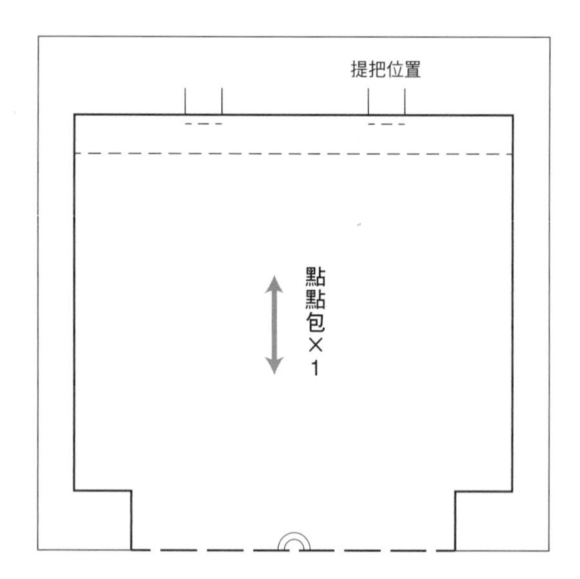

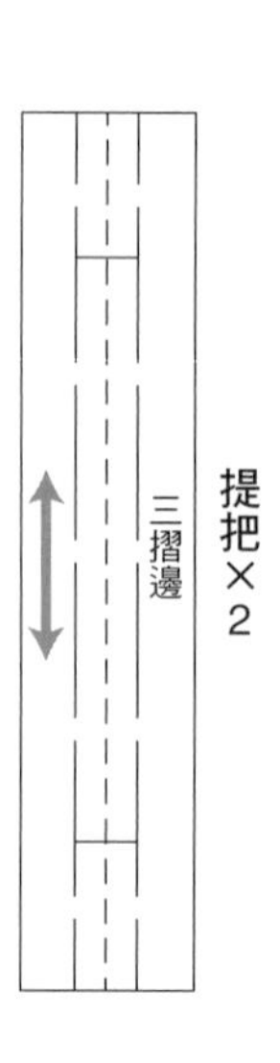

變形洋裝

材料

天竺棉　13cm×35cm
天竺棉（拼接用）　18cm×20cm
天竺棉（領圍羅紋用）　10cm×2cm
網狀針織（裡布用）　22cm×13cm
直徑 4mm 鈕扣　1 顆

作法

1. 前上身和後上身正面相對縫合肩線，用熨斗將縫份攤開燙平。
2. 裡布前後上身也正面相對縫合肩線，用熨斗將縫份攤開燙平。
3. 表布和裡布正面相對分別縫合袖圍和左右後開口，並在縫份剪出牙口，翻回正面，用熨斗燙平。
4. 領圍羅紋和表裡布的上身領圍正面相對縫合。
5. 修剪多餘縫份，依完成線摺後中心，用羅紋包覆縫份般，用珠針固定，從正面在羅紋邊緣加上縫份。
6. 右邊前後上身分別和表布、裡布的側邊正面相對，接續縫合，用熨斗將縫份攤開燙平。
7. 前上身～右後上身和前衣襬拼接正面相對縫合合印點（◎～●），縫份往前衣襬拼接倒。
8. 左邊前後上身分別和表布、裡布的側邊正面相對，接續縫合，用熨斗將縫份攤開燙平。
9. 後上身正面相對，連同裡布從開口止點縫至衣襬，用熨斗將縫份攤開燙平。
10. 將裡布側邊衣襬邊縫在上身，將鈕扣和繩扣縫在指定位置。

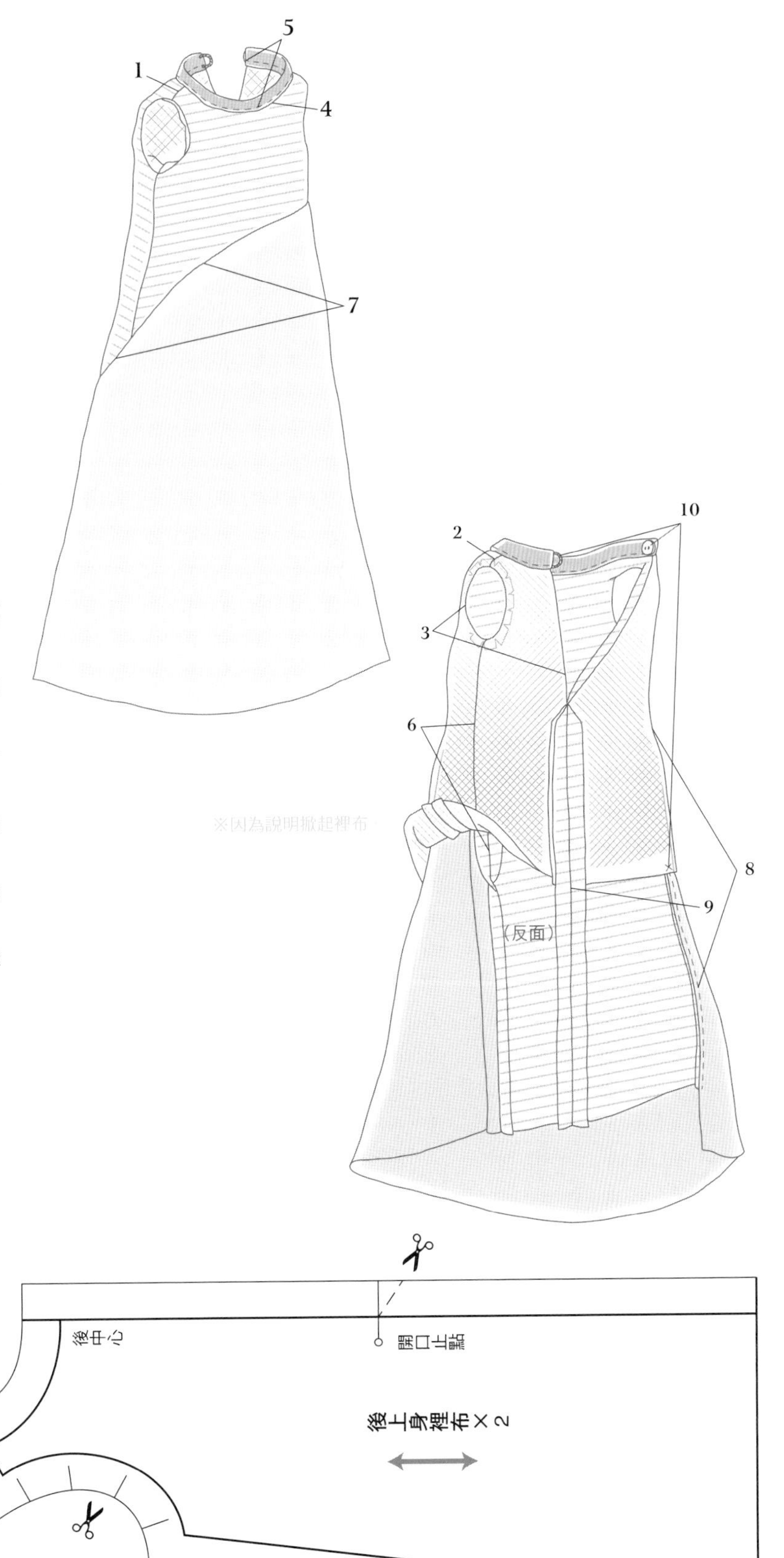

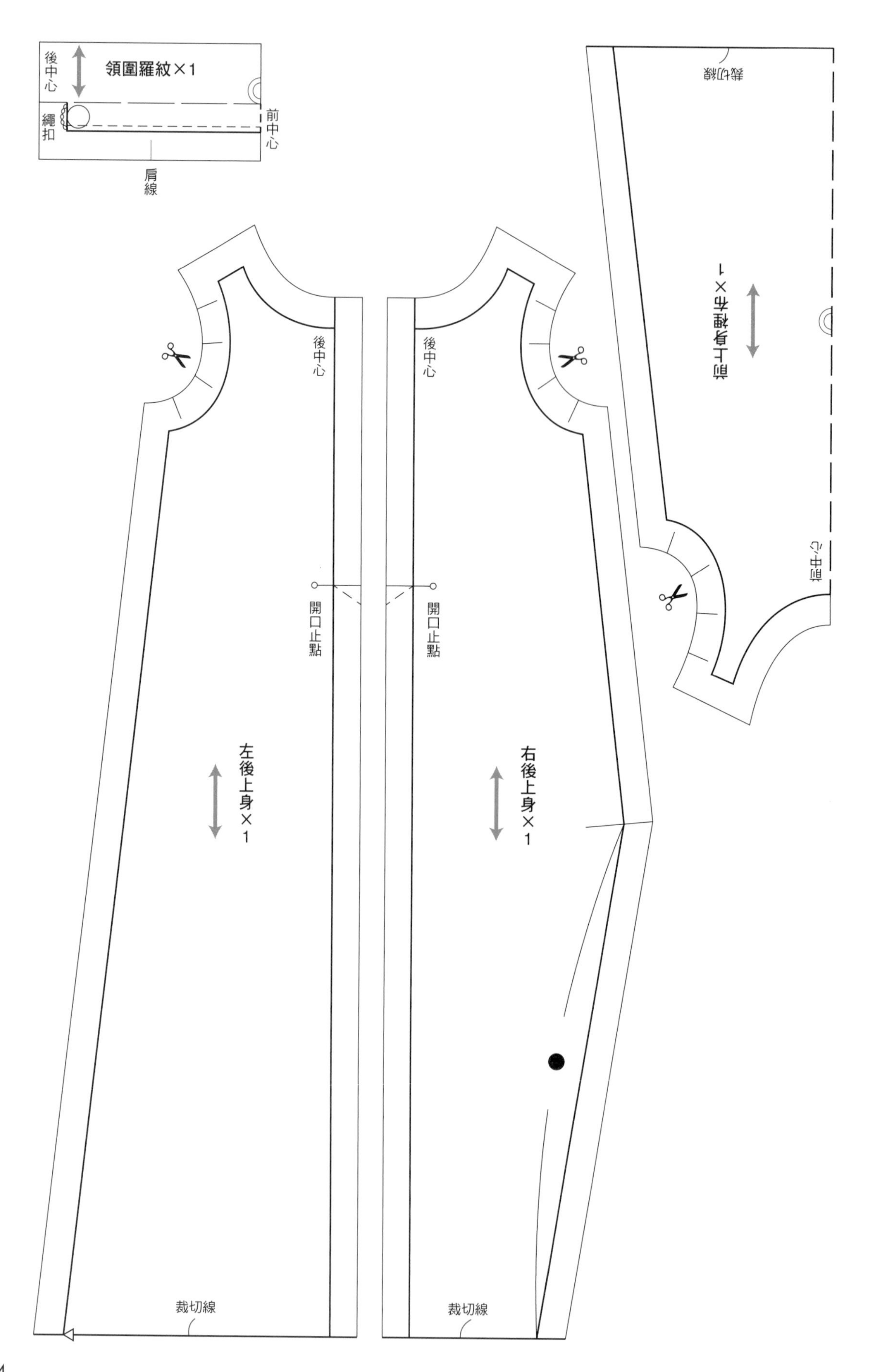
後中心
領圍羅紋×1
縄扣
前中心
肩線
裁切線
前上身裡布×1
前中心
後中心
開口止點
左後上身×1
後中心
開口止點
右後上身×1
裁切線
裁切線

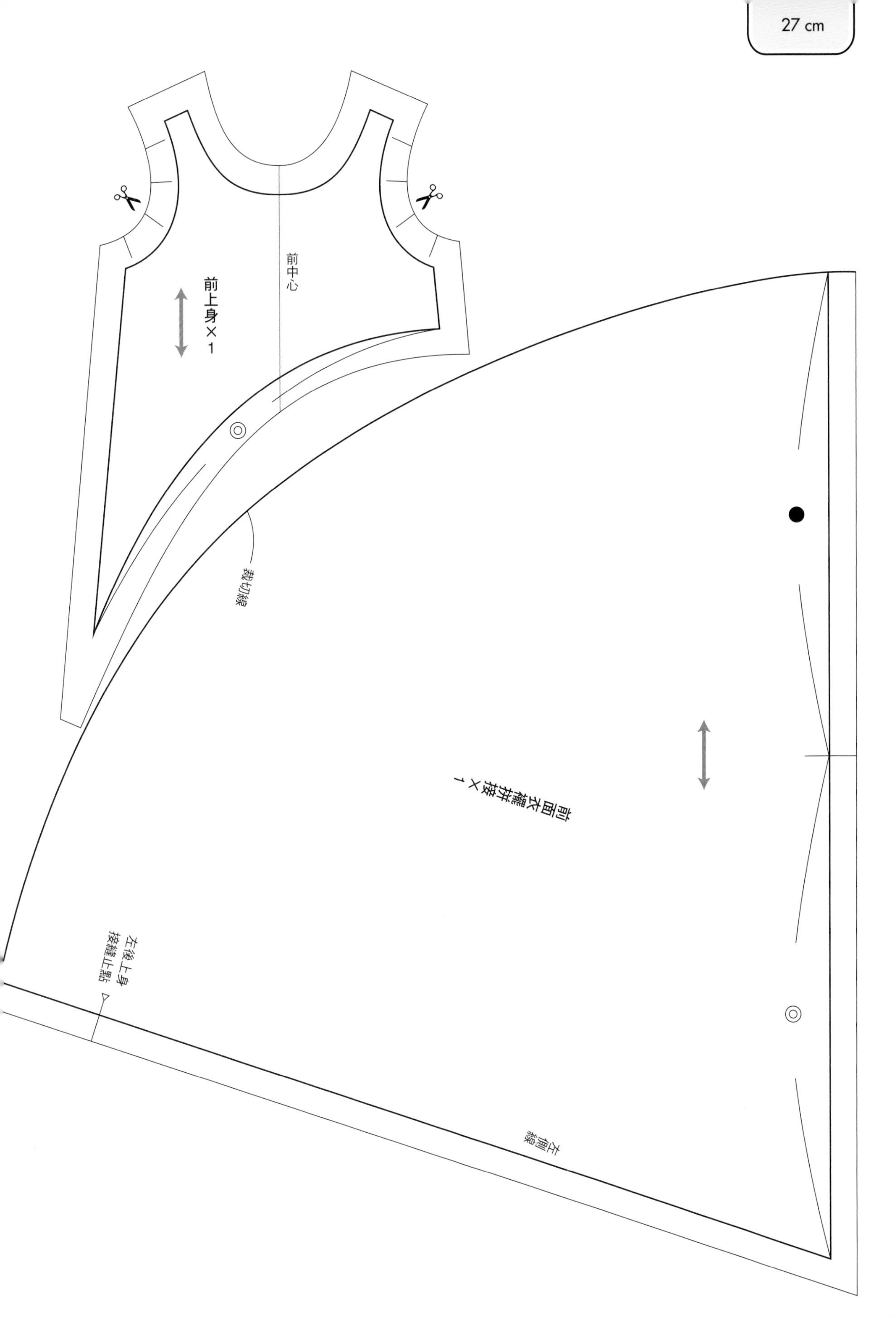
前中心
前上身×1
裁切線
前面衣襬拼接×1
左後上身
接縫止點
左側線

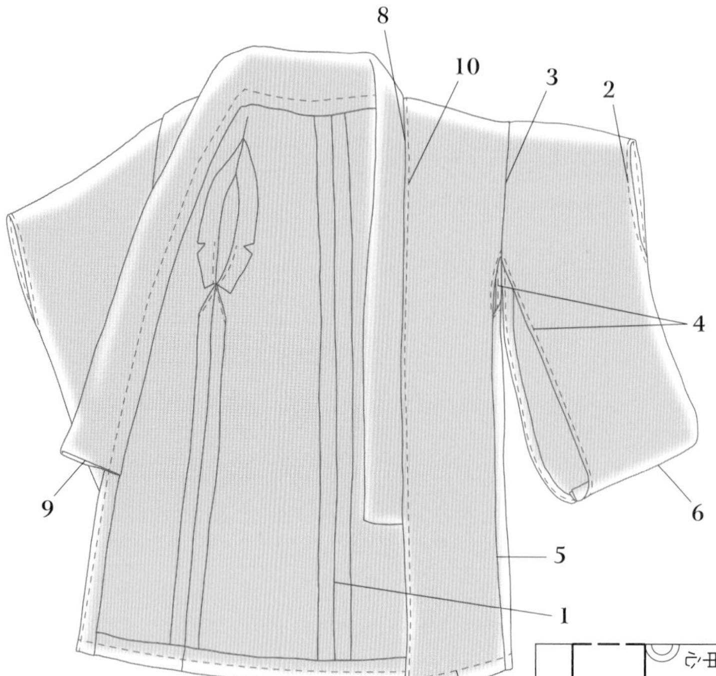

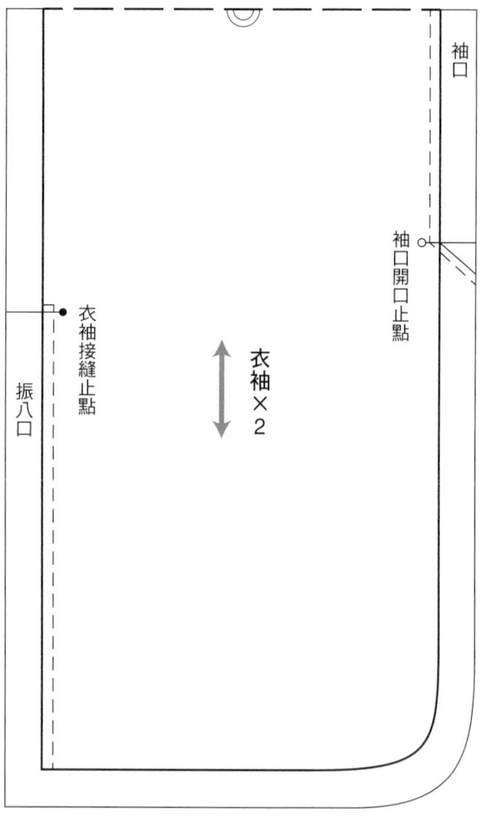

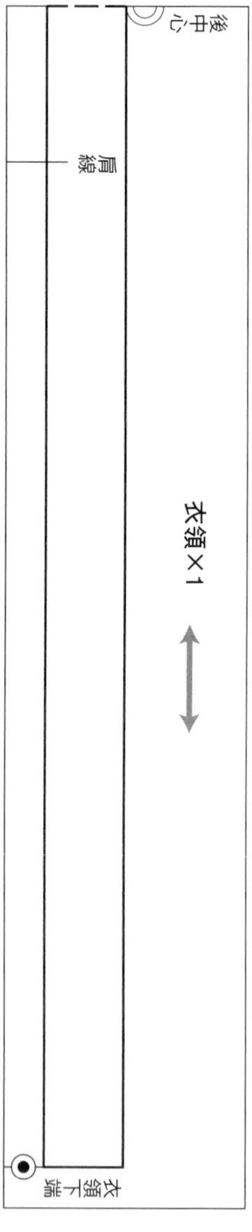

P.28 ● 六分之一男子圖鑑

羽織穿搭

羽織開襟衫

材料

天竺棉　18cm×40cm

作法

1. 後上身正面相對縫合後中心，用熨斗將縫份攤開燙平。
2. 在縫份朝袖口開口止點剪出牙口，依完成線摺袖口，加上縫線。
3. 上身和衣袖正面相對縫至衣袖接縫止點，用熨斗將縫份攤開燙平。
4. 分別在外側上身和內側上身的邊緣，從身八口至振八口加上縫線。
5. 前後上身正面相對縫合側邊。
6. 前後衣袖正面相對縫合袖口下方～衣袖下方，在振袖圓弧縫份剪出牙口，翻回正面，用熨斗燙平，再將衣袖下方的縫份邊緣用熨斗攤開燙平，用布用接著劑固定。
7. 依完成線摺衣襬，加上縫線。
8. 衣領對摺，摺出摺痕後打開，和上身正面相對縫至衣領接縫止點，在縫份剪出牙口。
9. 衣領下端正面相對縫合，翻回正面。
10. 依完成線摺衣領下方，衣領接縫的縫份往衣領內倒，用珠針固定，從正面在衣襬到上身的邊緣加上縫線。

項鍊

材料

細繩　23cm
墜飾　2 個
直徑 3.5mm 金屬環　1 個

作法

1. 將 2 個墜飾穿過金屬環，扣起金屬環後，穿過細繩，前端打結。

請將前上身和後上身的紙型在合印點貼合（★～☆）使用。

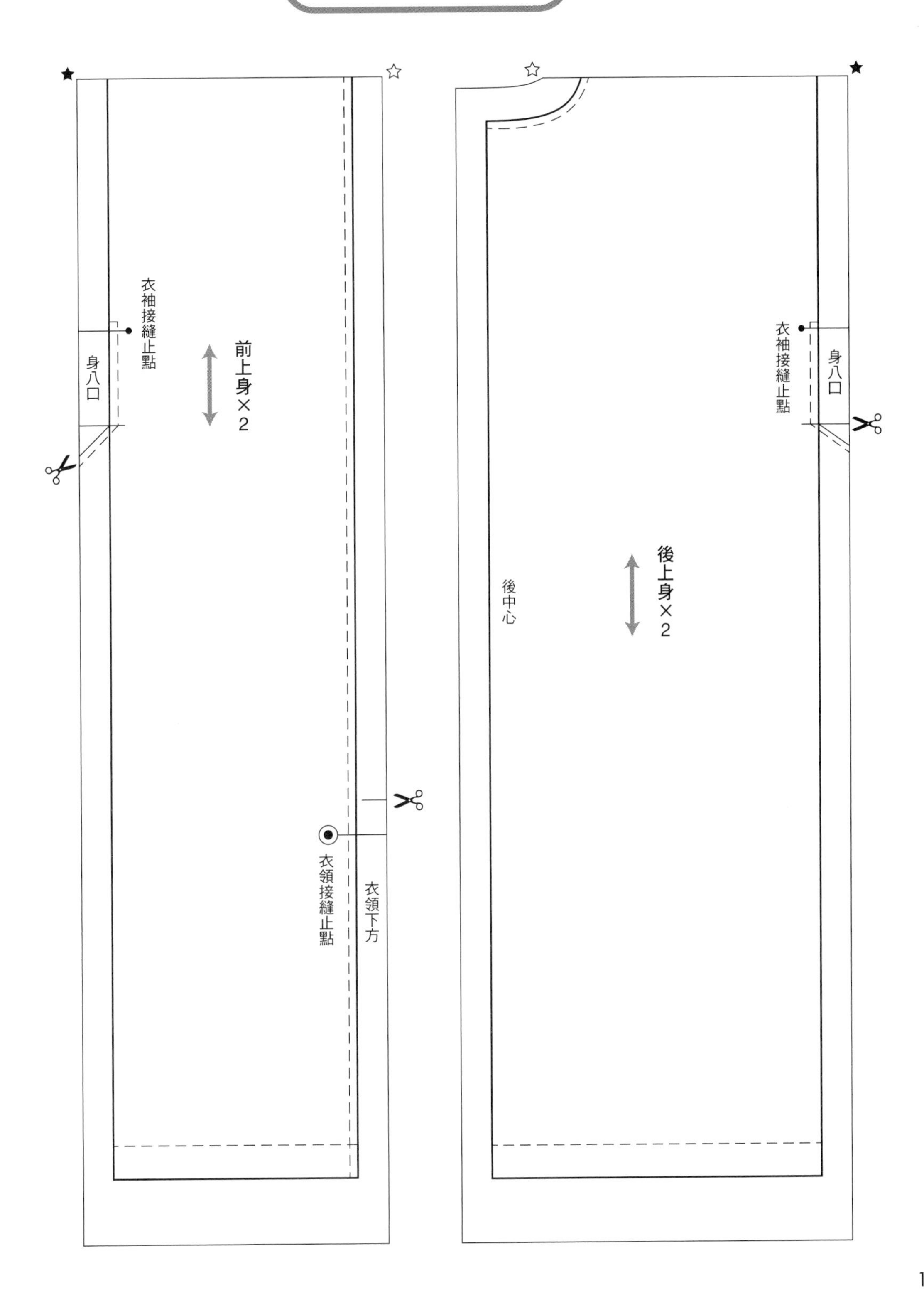

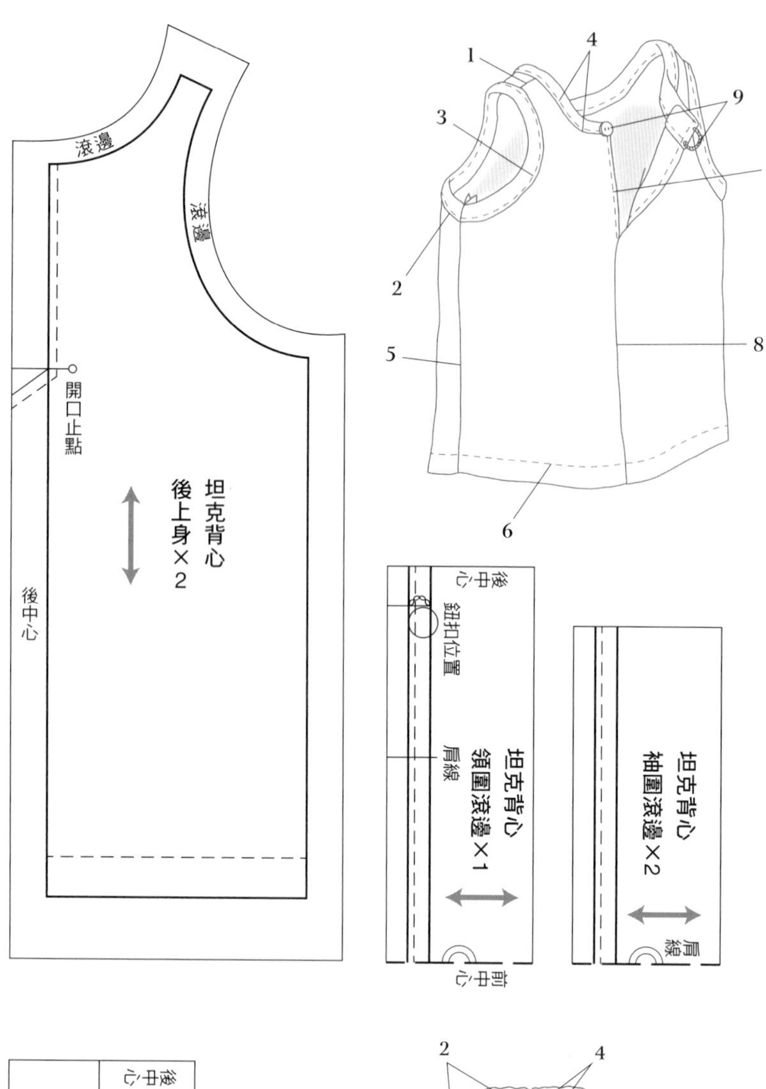

坦克背心

材料

天竺棉　25cm×13cm
直徑 4mm 鈕扣　1 顆

作法

1. 前後上身正面相對縫合肩線，縫份剪齊成3mm寬後，用熨斗攤開燙平。
2. 袖圍滾邊條和上身正面相對縫合，縫份往滾邊條倒。
3. 用滾邊條包覆縫份般，用珠針固定，在滾邊條的邊緣加上縫份。
 ※多餘的滾邊條邊緣剪細剪齊。
4. 領圍依照步驟 2～3 縫上滾邊收邊。
5. 前後上身正面相對縫合側邊，用熨斗將縫份攤開燙平。
6. 依完成線摺衣襬，加上縫線。
7. 在縫份朝後開口止點剪出牙口，依完成線摺後中心，加上縫線。
8. 後上身正面相對，從開口止點縫至衣襬，用熨斗將縫份攤開燙平，翻回正面。
9. 將鈕扣和繩扣縫在指定位置。

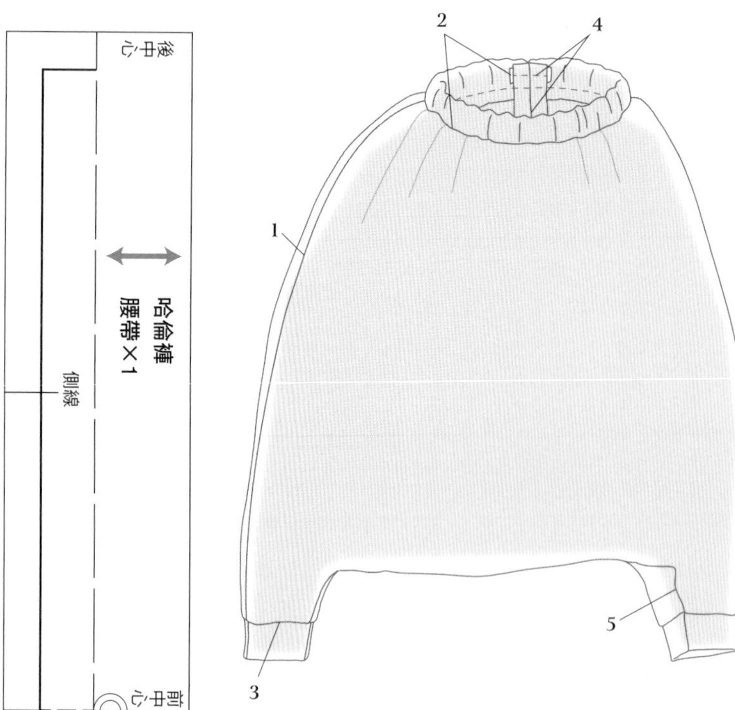

哈倫褲

材料

天竺棉　40cm×20cm
5mm 寬扁平鬆緊帶　10cm

作法

1. 前後褲片正面相對縫合側邊，用熨斗將縫份攤開燙平。
2. 腰帶對摺和褲片依記號正面相對，用珠針固定後縫合，中間穿過 10cm 鬆緊帶。
 ※如果先在穿過的鬆緊帶兩端壓上縫線，會比較方便使用。
3. 褲襬羅紋對摺，和褲片依記號正面相對縫合，縫份往褲片倒。
4. 後褲片正面相對縫合後中心，用熨斗將縫份攤開燙平，在腰帶部份雙邊壓縫。
5. 前後褲片正面相對縫合股下，翻回正面。

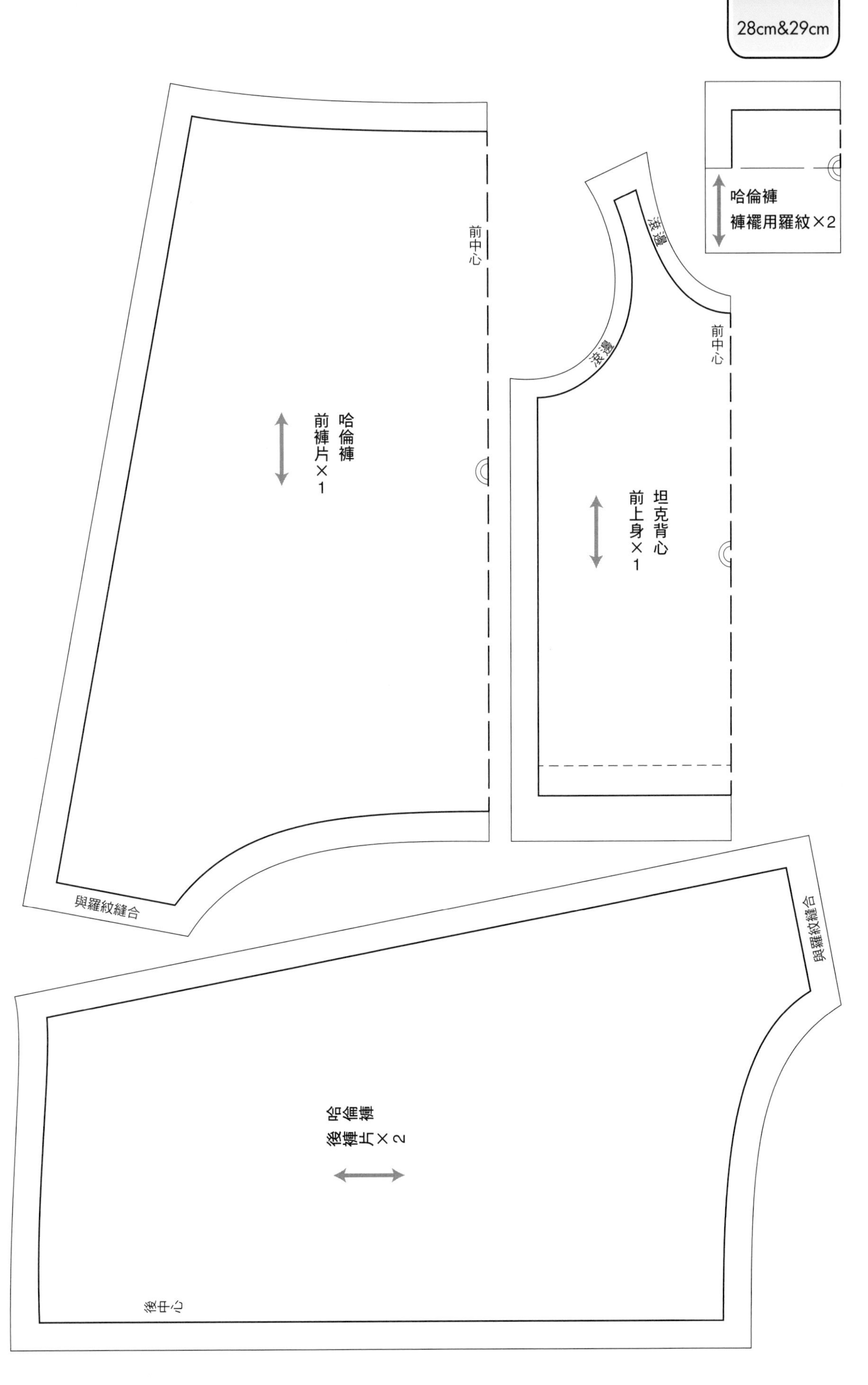
哈倫褲
褲襬用羅紋×2
哈倫褲
前褲片×1
前中心
與羅紋縫合
滾邊
滾邊
前中心
坦克背心
前上身×1
與羅紋縫合
哈倫褲
後褲片×2
後中心

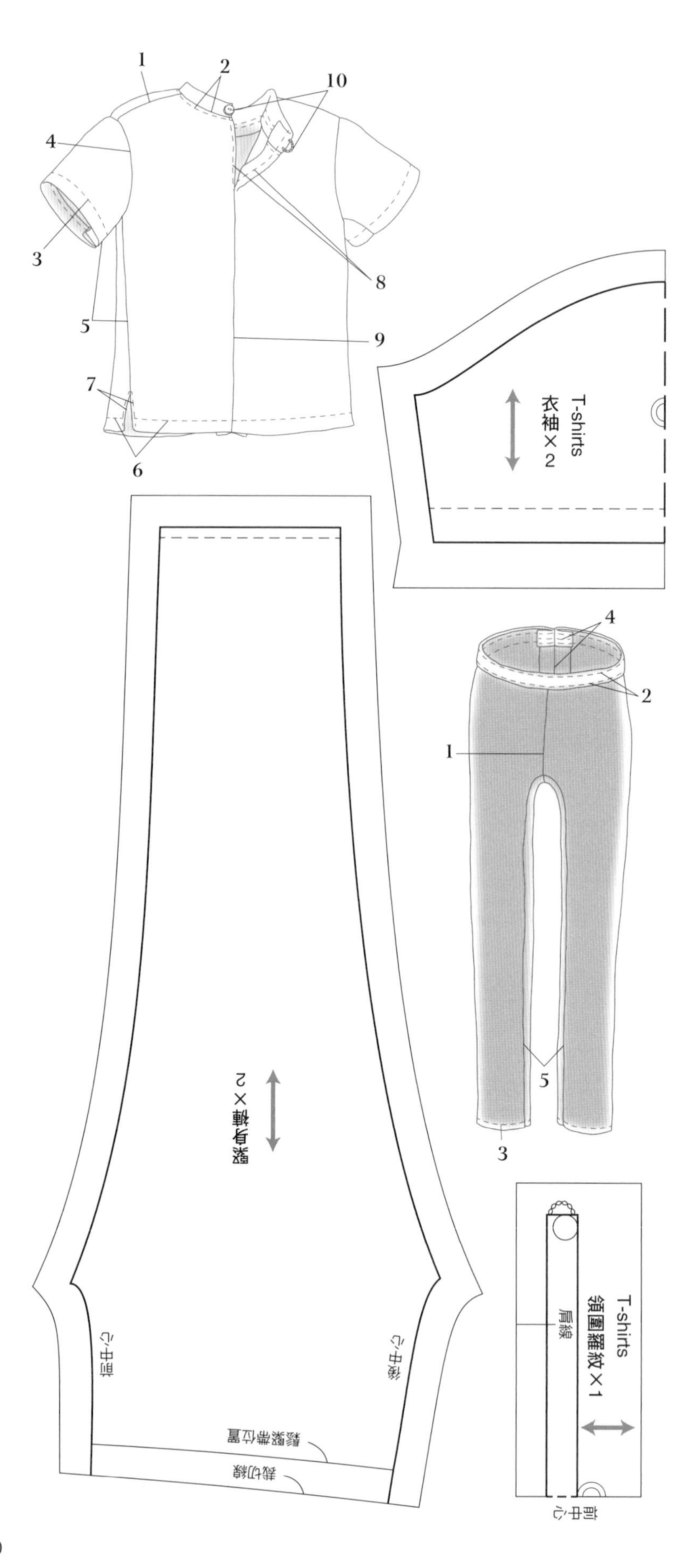

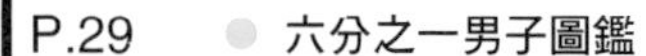

大尺寸 T-shirts 穿搭

大尺寸 T-shirts

材料

天竺棉　36cm×20cm
直徑 4mm 鈕扣　1 顆

作法

1. 前後上身正面相對縫合肩線，用熨斗將縫份攤開燙平。
2. 領圍羅紋對摺，依記號和上身正面相對縫合，縫份往上身倒，在邊緣加上縫線。
3. 依完成線摺袖口，加上縫線。
4. 上身和衣袖正面相對縫合，縫份往上身倒。
5. 前後上身正面相對，從衣袖下方縫至側邊開叉止點。
6. 依完成線分別摺好前後衣襬，並且加上縫線。
7. 用熨斗將側邊縫份攤開燙平，在開叉邊緣加上縫線。
8. 在縫份朝後開口止點剪出牙口，後中心依完成線摺至止點，分別在左右加上縫線。
9. 左右後上身正面相對，從開口止點至衣襬縫合後中心，用熨斗將縫份攤開燙平，翻回正面。
10. 將鈕扣和繩扣縫在指定位置。

緊身褲

材料

天竺棉　16cm×17cm
5mm 寬扁平鬆緊帶　10cm

作法

1. 左右緊身褲正面相對縫合前中心，用熨斗將縫份攤開燙平。
2. 鬆緊帶和腰帶正面相對，一邊伸展一邊在上下縫上 2 條縫線。
3. 依完成線摺褲襬，加上縫線。
4. 正面相對縫合後中心後，並用熨斗將縫份攤開燙平，在鬆緊帶部份雙邊壓縫。
5. 正面相對縫合股下，翻回正面。

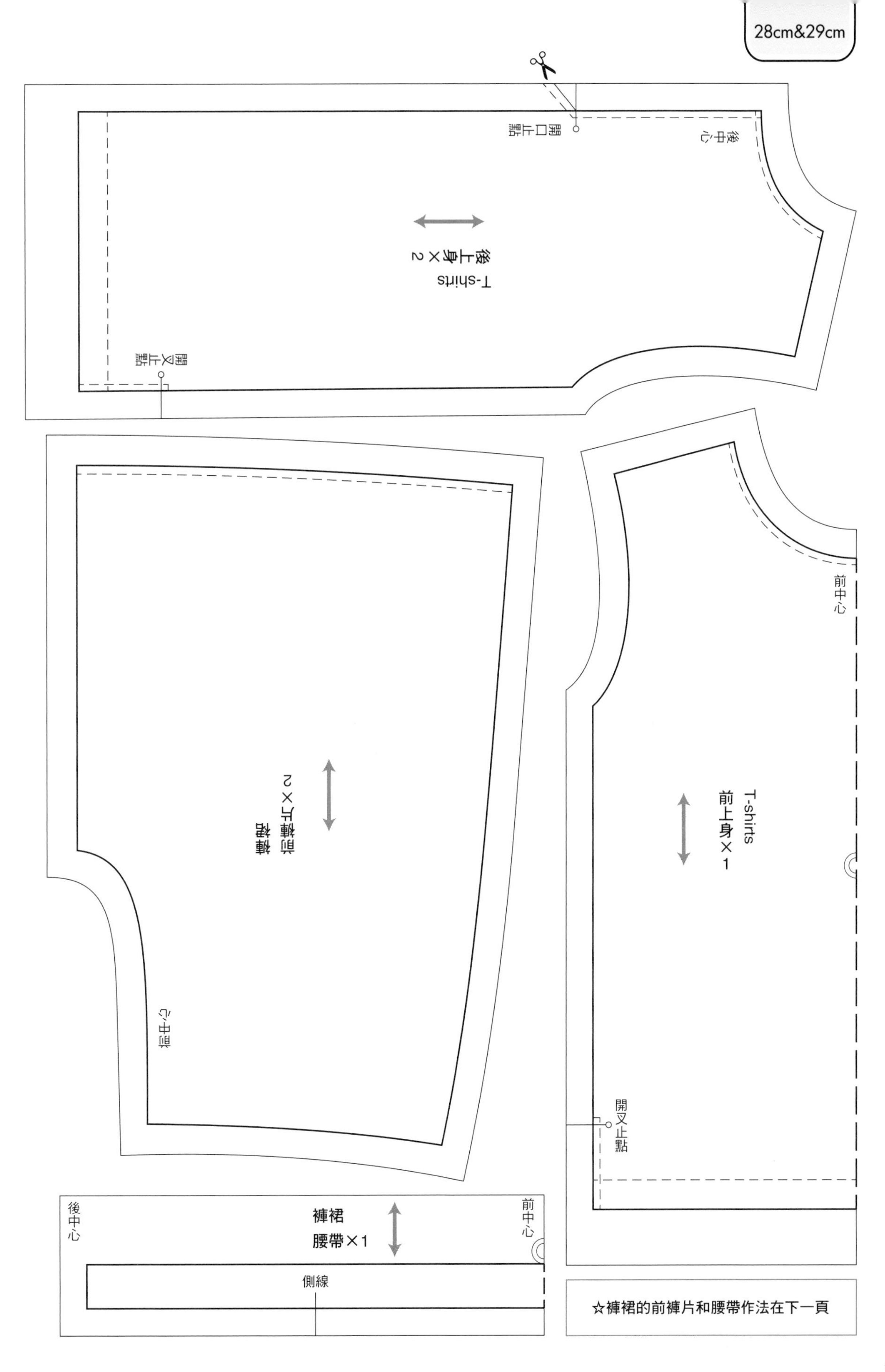

☆褲裙的前褲片和腰帶作法在下一頁

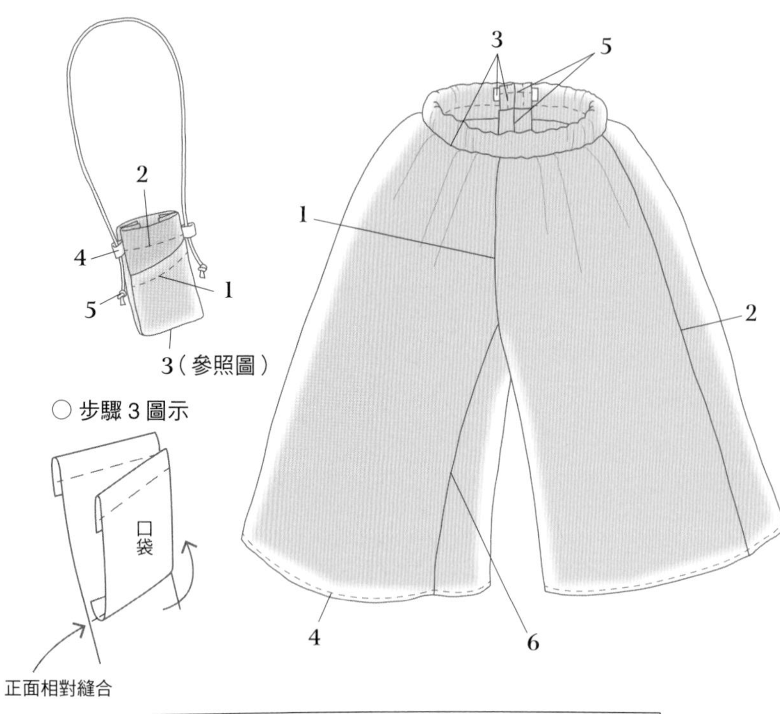

褲裙

材料

天竺棉　40cm×20cm
5mm 寬扁平鬆緊帶　10cm

作法

1. 前褲片正面相對縫合前中心，用熨斗將縫份攤開燙平。
2. 前後褲片正面相對縫合側邊，用熨斗將縫份攤開燙平。
3. 腰帶對摺，依記號和褲片縫合，中間穿過10cm鬆緊帶。
   ※如果先在穿過的鬆緊帶兩端壓上縫線，會比較方便使用。
4. 依完成線摺褲襬，加上縫線。
5. 正面相對縫合後中心，用熨斗將縫份攤開燙平，在腰帶部份雙邊壓縫。
6. 前後褲片正面相對縫合股下，用熨斗將縫份攤開燙平，翻回正面。

頸掛包

材料

尼龍布　3cm×7cm
尼龍布（口袋用）　3cm×4cm
細繩　19cm
3mm 寬緞帶　3cm

作法

1. 依完成線摺袋口，加上縫線。
2. 依完成線摺本體包口部分，加上縫線。
3. 口袋和本體正面相對在合印點縫合，口袋往上倒。
4. 緞帶剪成 1.5cm，長度摺半，夾在指定位置，縫合兩側。
5. 翻回正面，細繩穿過兩側緞帶部分後前端打結。

褲裙
後褲片×2

後中心

緞帶夾住位置

包包本體×1

口袋接合位置

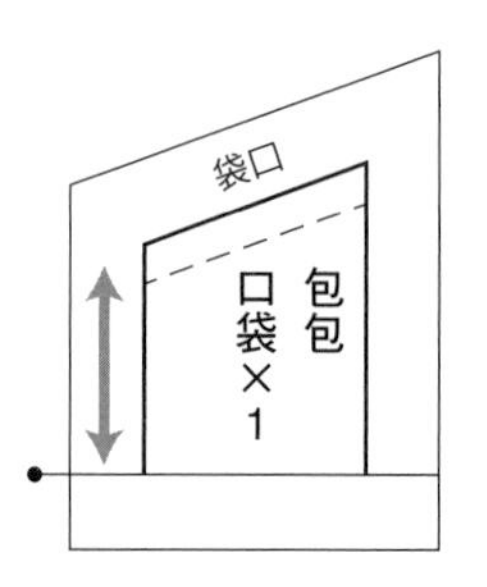

P.36 ● U-noa Quluts light

長版外套穿搭

圍裹裙

材料

條紋棉布料 50cm×25cm
直徑 5mm 按扣 2 組

作法

1. 縫製後裙片打褶，縫份往中心倒。
2. 前後裙片正面相對縫合側邊，用熨斗將縫份攤開燙平。
3. 腰部貼邊布的左右側和左右前貼邊布上部，正面相對在合印點縫合，縫份往側邊倒。
4. 腰帶貼邊布和腰帶部分正面相對，用珠針暫時固定側線和後中心後縫合。
5. 左右貼邊布的下襬分別正面相對縫合。
6. 翻回正面並用熨斗燙平，從正面在腰帶加上縫線。
7. 依完成線摺裙襬，從正面加上縫線。
8. 將按扣縫在指定位置。

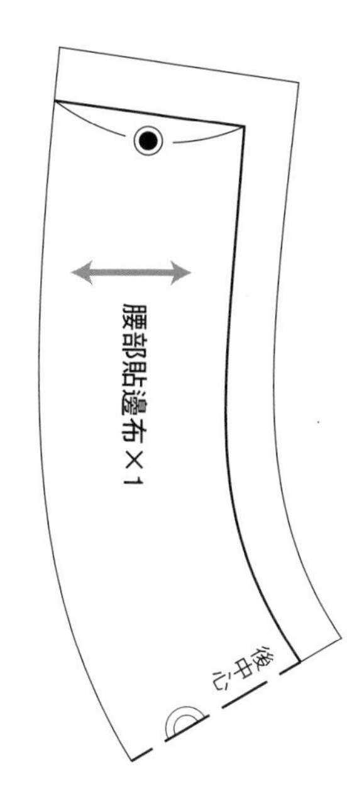

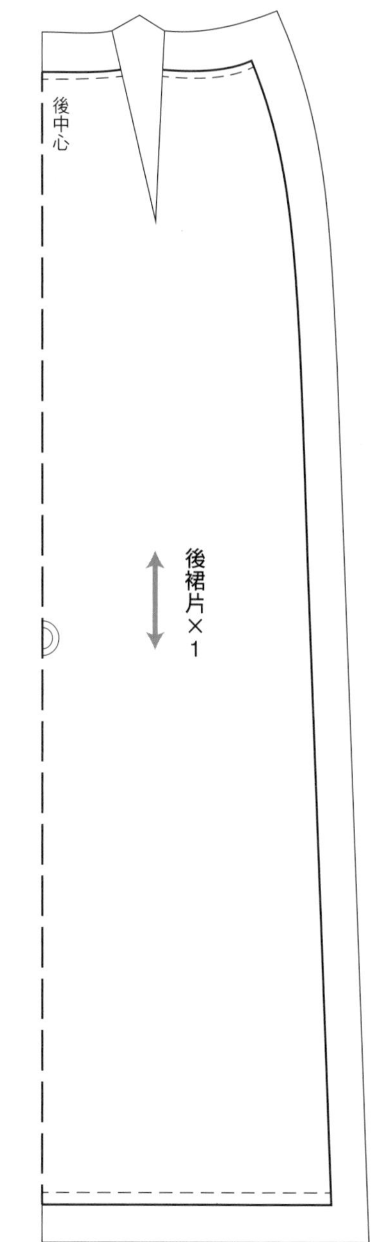

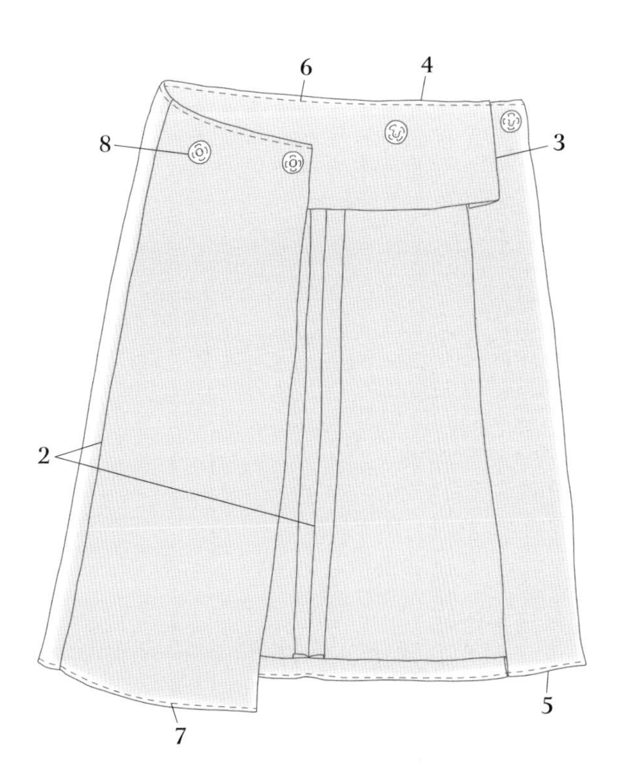

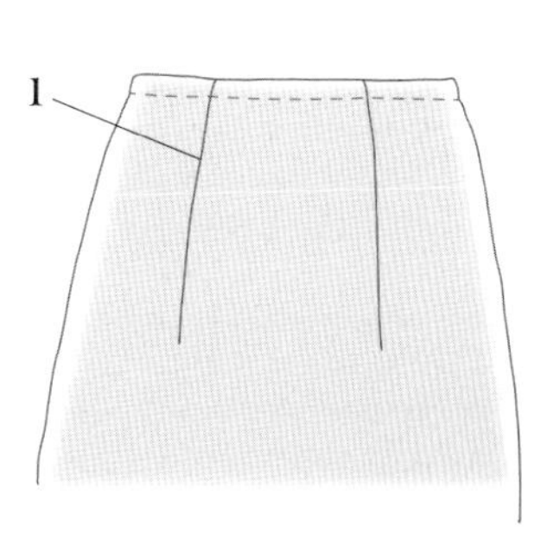

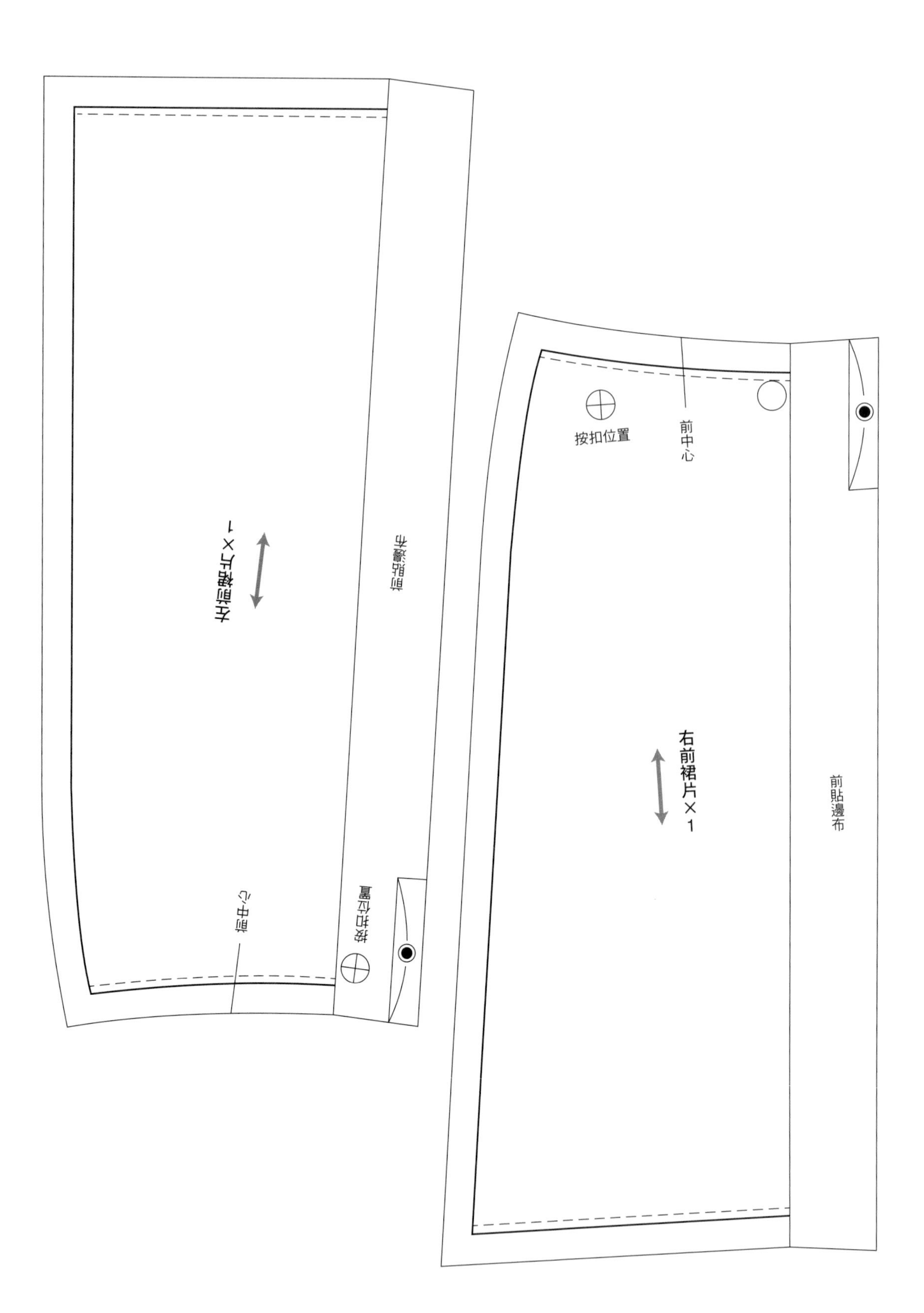
左前裙片×1
前貼邊布
前中心
按扣位置
按扣位置
前中心
右前裙片×1
前貼邊布

☆長版外套的後上身裡布、貼邊布、前上身和掀蓋作法在下一頁

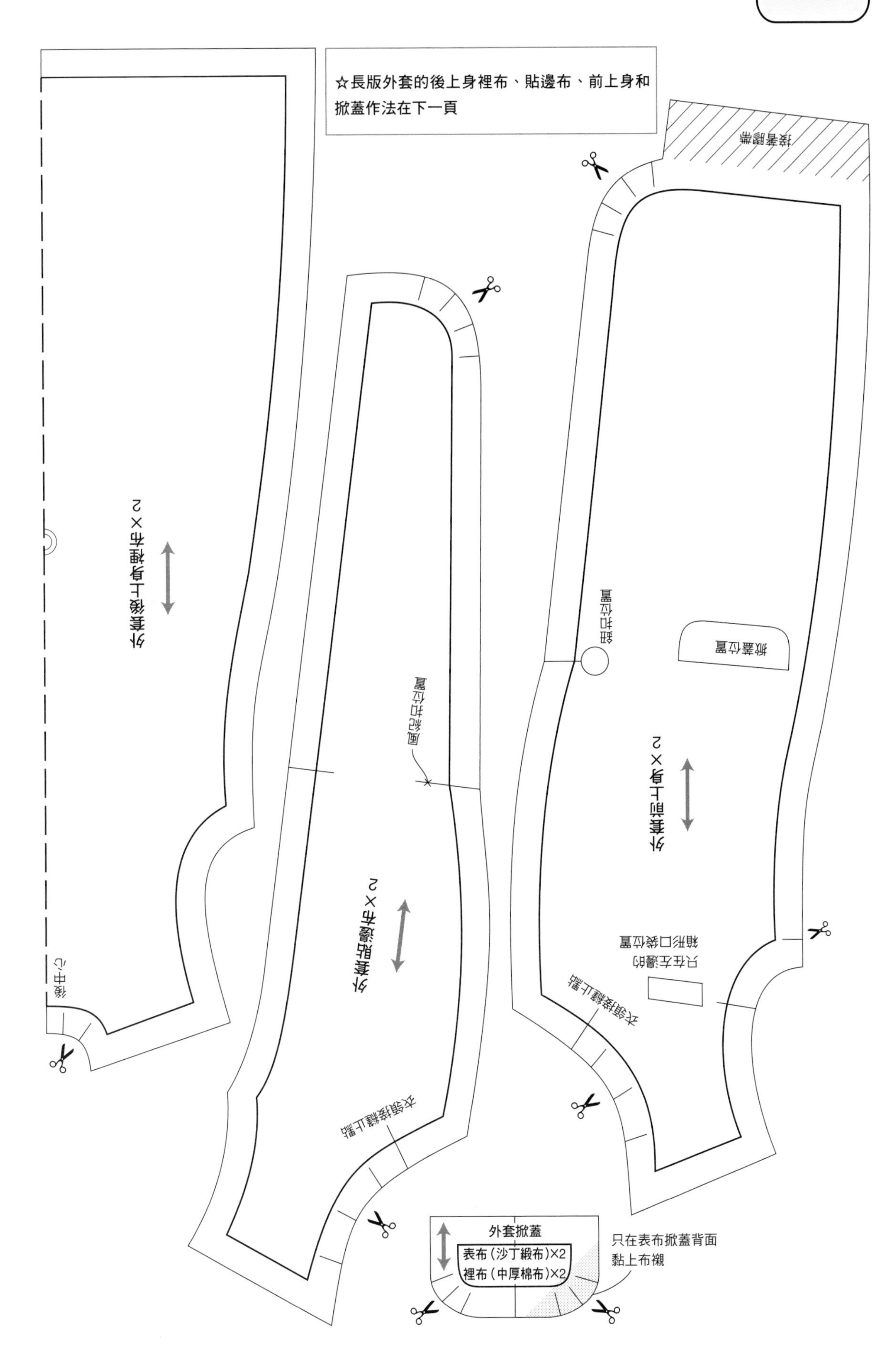

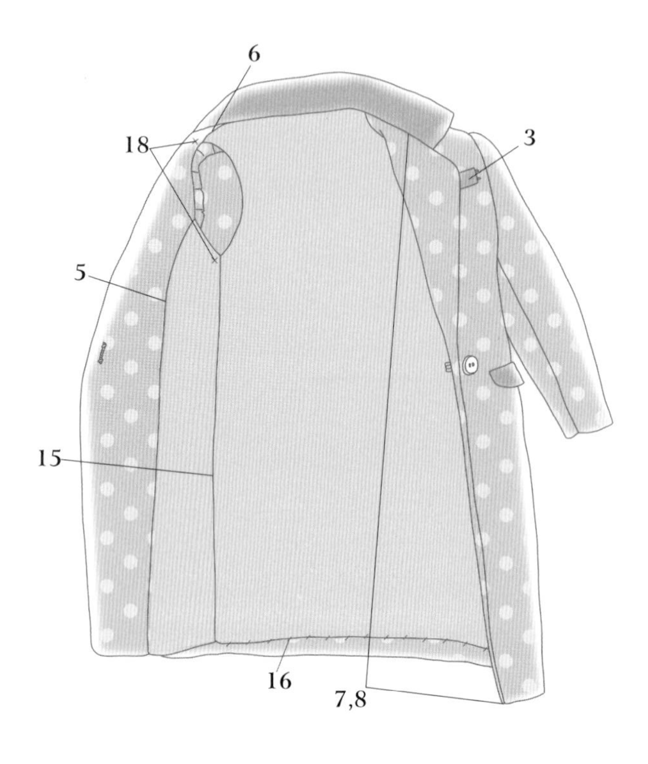

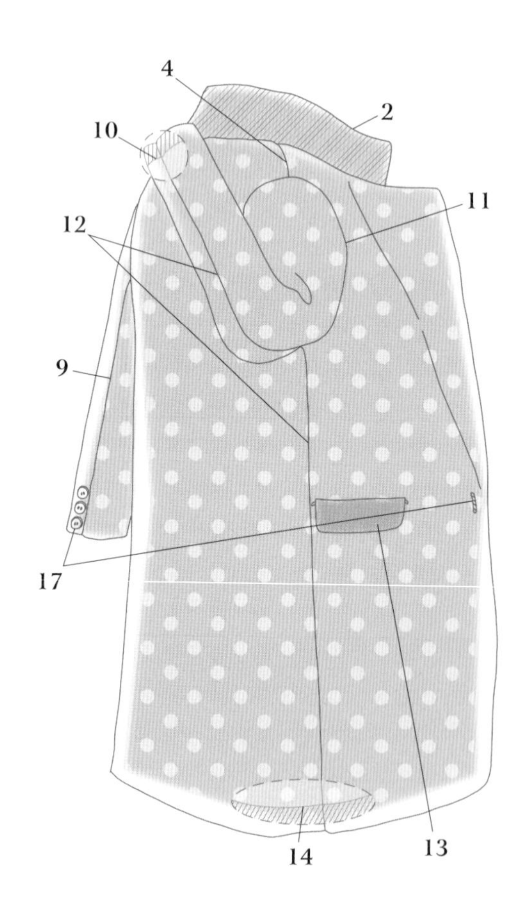

長版外套

材料

薄緹花布　60cm×22cm
細棉布（前面側邊、裡布後上身用）
　20cm×20cm
沙丁緞布（表布衣領、表布掀蓋、箱形口袋用）
　15cm×5cm
中厚棉布料（裡布衣領、裡布掀蓋用）
　15cm×5cm
薄布襯（表布衣領、表布掀蓋、箱形口袋用）
　15cm×5cm
10mm 寬熨燙接著膠帶　35cm
直徑 5mm 鈕扣（前上身用）　1 顆
直徑 4mm 鈕扣（袖口用）　6 顆
0 號風紀扣公扣　1 個

作法

1. 在表布衣領、表布掀蓋、箱形口袋背面黏上布襯。
2. 表裡布衣領正面相對縫合，修剪多餘縫份，用熨斗燙平。
3. 箱形口袋對摺，兩側縫合，翻回正面，用熨斗燙平，縫在左胸位置。
4. 前後上身正面相對縫合肩線，用熨斗將縫份攤開燙平，做成表布上身。
5. 貼邊布和前面側邊裡布正面相對縫合，縫份往前面側邊倒。
6. 步驟 5 和後上身裡布正面相對縫合肩線，用熨斗將縫份攤開燙平，做成裡布上身。
7. 表裡布上身夾住衣領用珠針固定，再接續縫合貼邊布下襬～前開口～領圍～另一側貼邊布下襬。
8. 在領圍和衣襬圓弧各處剪出牙口，修剪多餘縫份，翻回正面。
9. 外側衣袖和內側衣袖正面相對縫合，縫份往外側衣袖倒。
10. 依完成線摺袖口，用熨燙接著膠帶黏合縫份。
11. 袖山做出抽摺，和上身表布袖圍正面相對縫合，縫份往衣袖倒。
12. 正面上身的側邊～衣袖下方正面相對縫合，在腋下的縫份剪出牙口，再用熨斗將縫份攤開燙平。
13. 做 2 個掀蓋，縫在指定位置。
14. 依完成線摺表布上身衣襬，用熨燙接著膠帶黏緊縫份。
15. 裡布上身正面相對縫合側邊，縫份往前面側邊倒。
16. 將後上身裡布衣襬用邊縫縫在表布衣襬縫份，將前面側邊衣襬摺起平順貼合貼邊布下襬線。

17. 將鈕扣和風紀扣縫在左前上身和袖口，將縄扣縫在右前上身。

18. 裡布袖圍縫在表布肩線和衣袖下方的縫份固定。

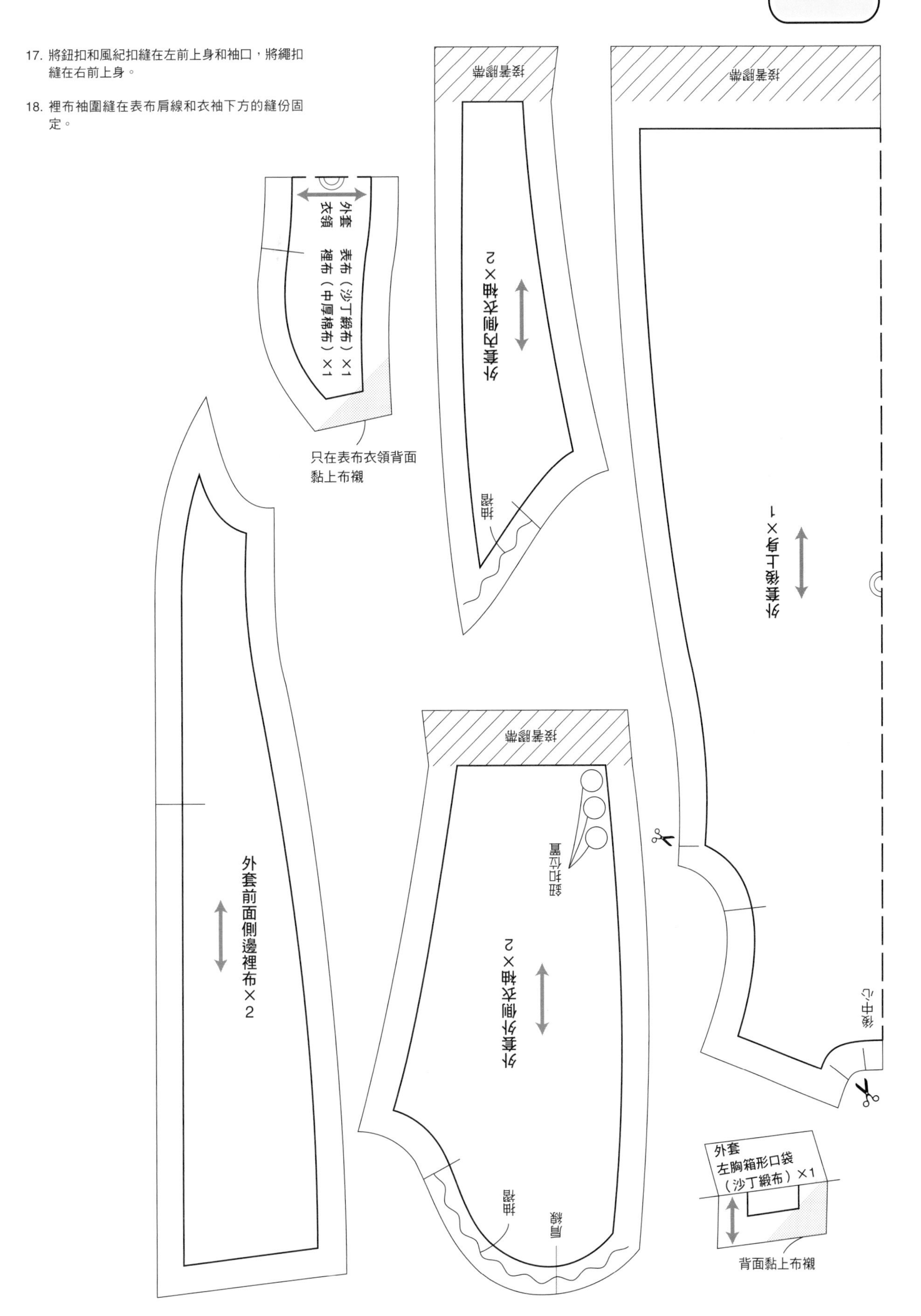

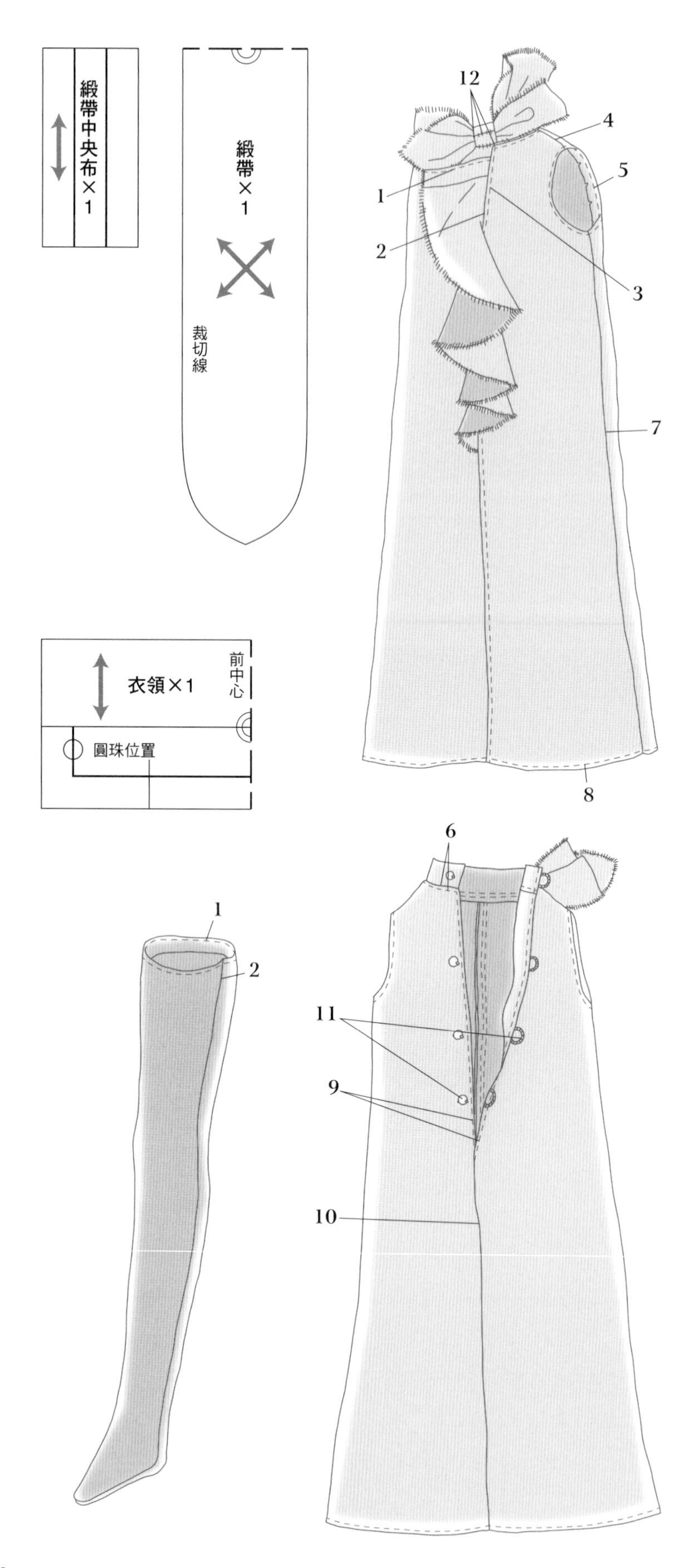

無袖長版襯衫

材料

緹花棉布　35cm×25cm
直徑 3mm 金屬圓珠　4 顆

作法

1. 依完成線摺圓形荷葉邊上端，加上縫線。
2. 左右前上身夾住圓形荷葉邊縫合前中心。
   ※事先在圓形荷葉邊縫份每間隔 5mm 剪出牙口。
3. 縫份往左上身倒，在左前中心加上縫線。
4. 前後上身正面相對縫合肩線，用熨斗將縫份攤開燙平。
5. 在袖圍縫份剪出牙口，依完成線摺起，加上縫線。
6. 在上身領圍縫份每間隔 5mm 剪出牙口，和對摺衣領依記號用珠針固定後縫合。縫份往上身倒，從正面在領圍邊緣加上縫線。
7. 前後上身正面相對縫合側邊，用熨斗將縫份攤開燙平。
8. 依完成線摺衣襬，加上縫線。
9. 後中心依完成線摺至開口止點，加上縫線。
10. 後中心正面相對縫合開口止點～衣襬，用熨斗將縫份攤開燙平。
11. 將圓珠和繩扣縫在後開口指定位置。
12. 摺出緞帶蝴蝶結的兩翼，再用中央布捲一圈邊縫後，將緞帶蝴蝶結縫在前中心領口。

長筒襪

材料

網狀針織　15cm×16cm

作法

1. 依完成線摺襪口，加上縫線。
2. 正面對摺縫合後中心，修剪多餘縫份，翻回正面。

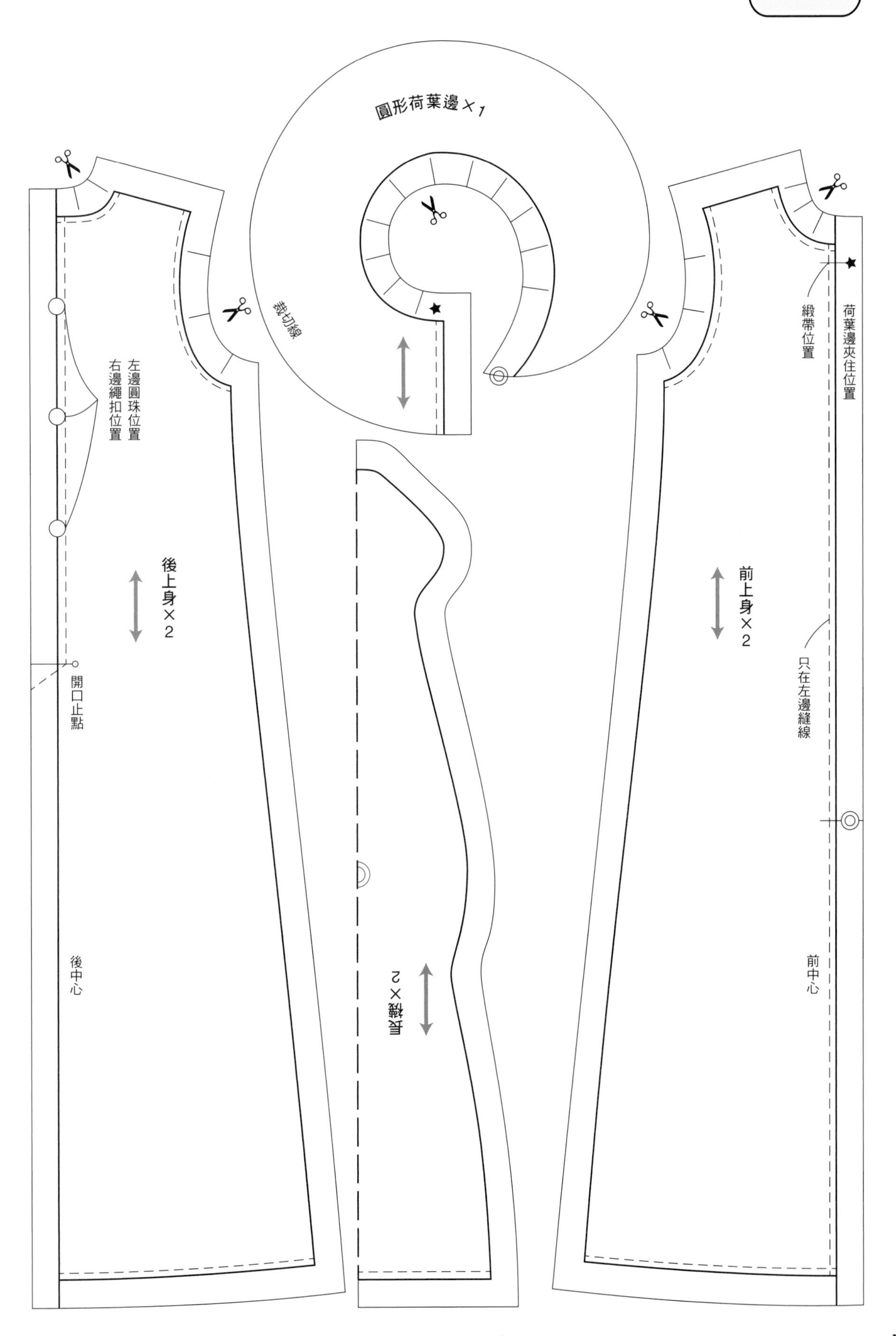

圓形荷葉邊×1
裁切線
左邊圓珠位置
右邊繩扣位置
後上身×2
開口止點
後中心
側片×2
前上身×2
緞帶位置
荷葉邊夾住位置
只在左邊縫線
前中心

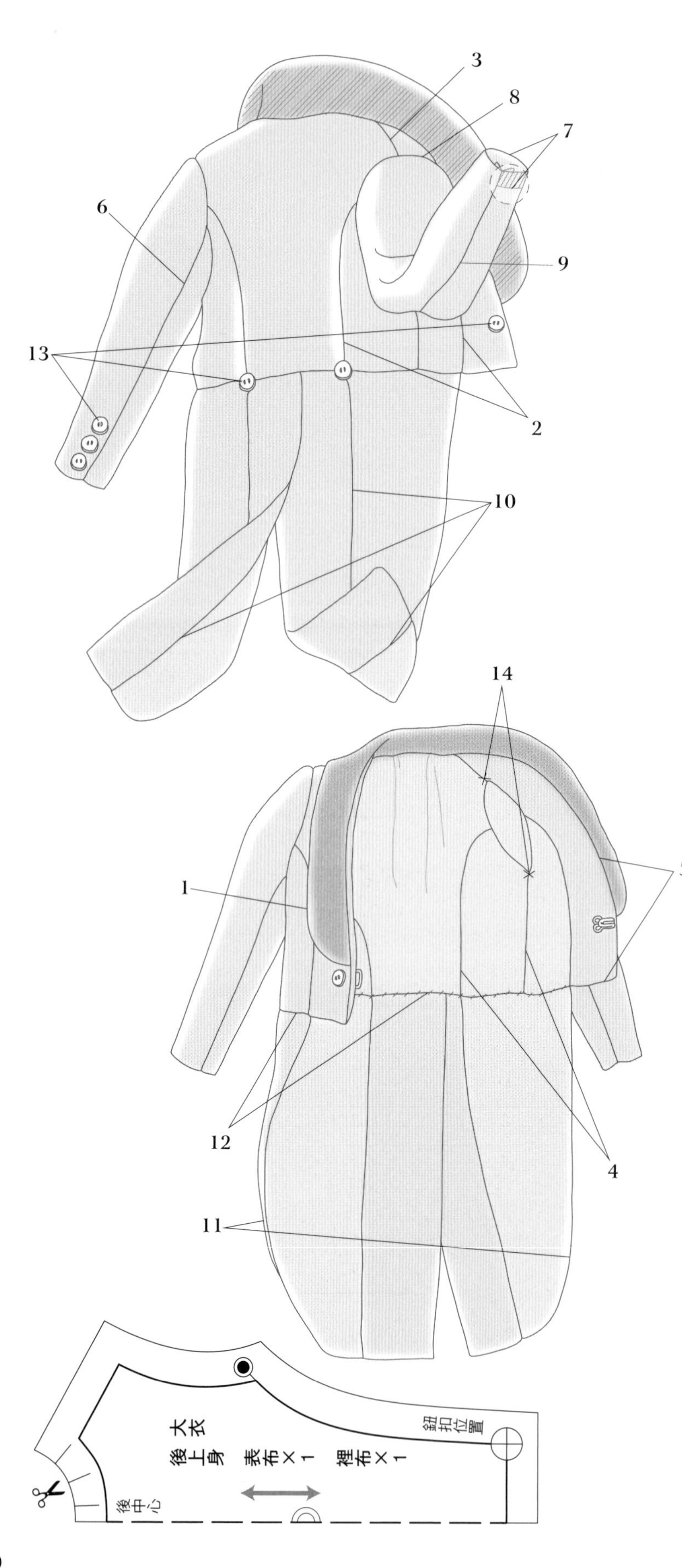

P.35 ● U-noa Quluts light

燕尾服大衣穿搭

燕尾服大衣

材料

織毯布 40cm×25cm
沙丁緞布（表布衣領用） 20cm×5cm
中厚棉布料（裡布衣領用） 20cm×5cm
細棉布（裡布用） 30cm×12cm
直徑 5mm 鈕扣（前後上身用） 4 顆
直徑 4mm 鈕扣（袖口用） 6 顆
0 號風紀扣 1 組
10mm 寬熨燙接著膠帶 20cm

作法

1. 衣領正面相對縫合，在縫份剪出牙口，翻回正面。
2. 表布後上身和後面側邊、前面上身和前面側邊分別正面相對縫合，用熨斗將縫份攤開燙平。
3. 步驟 2 的前後上身正面相對縫合肩線，用熨斗將縫份攤開燙平，做成表布上身。
4. 裡布也一樣依照步驟 2～3，做出裡布上身。
5. 衣領用表裡布上身正面相對夾住，再用珠針固定，接續縫合貼邊布下襬～前開口～衣領～另一側貼邊布下襬，在領圍縫份剪出牙口，翻回正面。
6. 外側衣袖和內側衣袖正面相對縫合，縫份往外側衣袖倒。
7. 依完成線摺袖口，用熨燙接著膠帶黏合縫份。
8. 袖山做出抽褶，和正面上身正面相對縫合，縫份往衣袖倒。
9. 從表布上身側邊到衣袖下方正面相對縫合，在腋下縫份剪出牙口，用熨斗將縫份攤開燙平。
10. 右後燕尾和表布右下身正面相對縫合，用熨斗將縫份攤開燙平，也和裡布右下身正面相對縫合，縫份往裡布倒。左後燕尾和左後下身也用相同方式縫合。
11. 左右下身分別依摺線正面相對，縫合下襬～衣襬，翻回正面。
12. 將步驟11的燕尾重疊在後中心線，左燕尾在上，和表布上身正面相對縫合腰部後，縫份往上身倒，裡布上身腰部依完成線摺起，縫上邊縫。
13. 將袖口用鈕扣、前後上身用鈕扣和風紀扣縫在標記位置。
14. 將裡布袖圍縫在表布肩線和衣袖下方縫份固定。

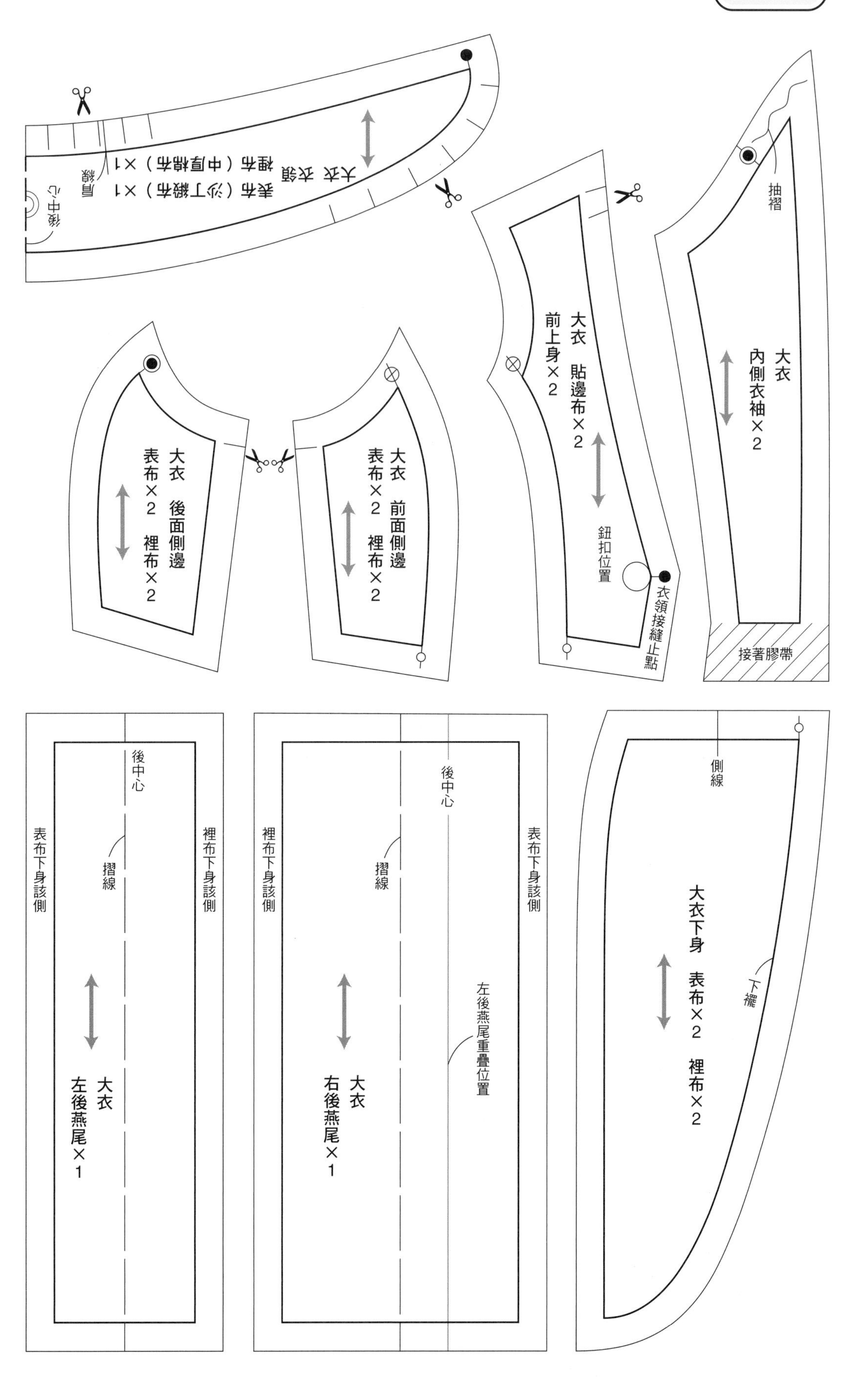

大衣 衣領
表布（泌丁緞布）×1
裡布（中厚棉布）×1
肩線
後中心
大衣 貼邊布×2
前上身×2
鈕扣位置
衣領接縫止點
大衣
內側衣袖×2
抽褶
接著膠帶
大衣 後面側邊
表布×2 裡布×2
大衣 前面側邊
表布×2 裡布×2
後中心
摺線
表布下身該側
裡布下身該側
大衣
左後燕尾×1
後中心
摺線
裡布下身該側
表布下身該側
左後燕尾重疊位置
大衣
右後燕尾×1
側線
大衣下身 表布×2 裡布×2
下襬

☆燕尾服大衣的外側衣袖作法在前一頁

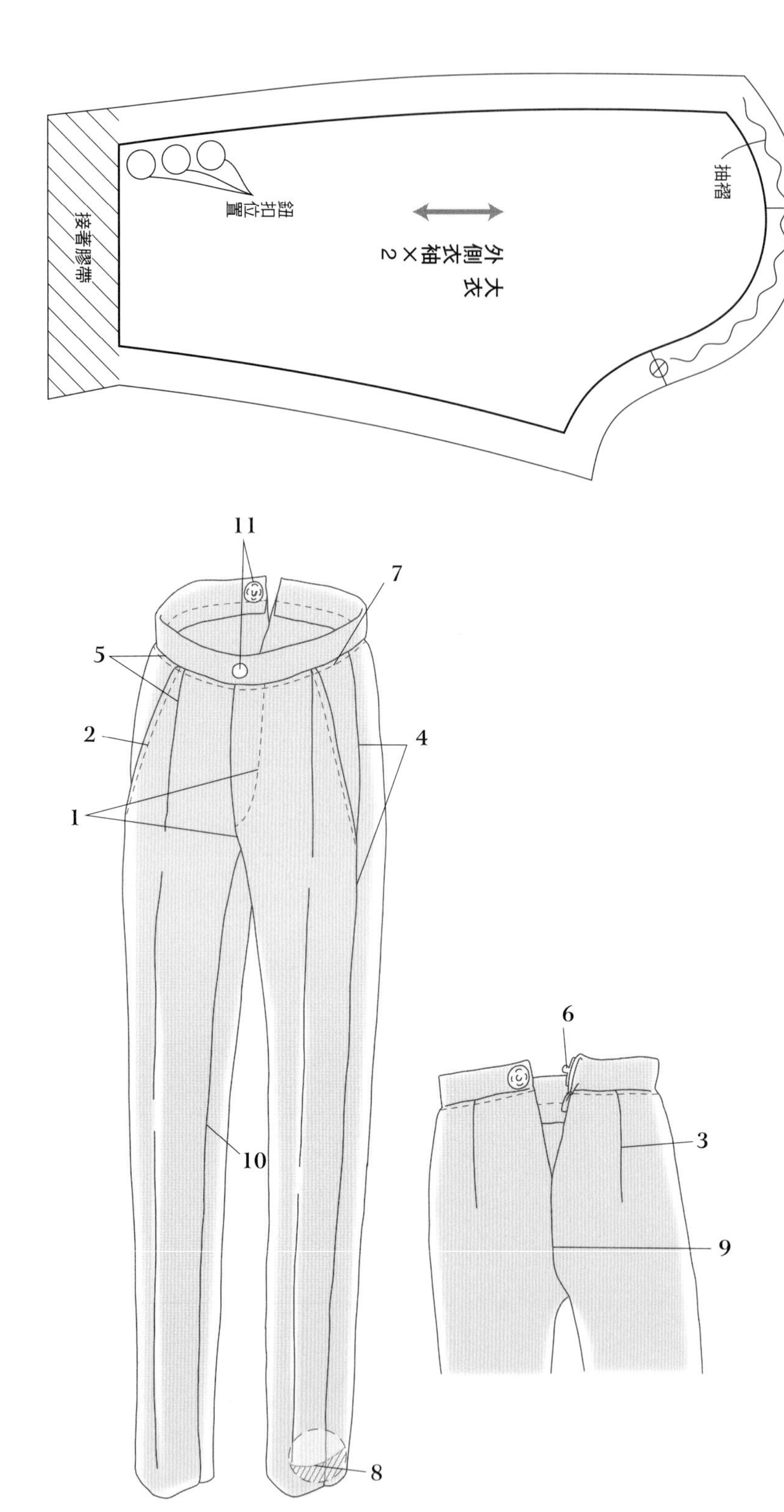

單褶褲

材料

中厚棉布料　32cm×20cm
直徑 5mm 按扣　1 組
直徑 3mm 燙片　1 個
10mm 寬熨燙接著膠帶　20cm

作法

1. 前褲片中心正面相對縫合，縫份往左褲片倒，加上裝飾縫線。
2. 依完成線摺前褲片袋口，加上縫線。
3. 縫製後褲片打褶，往後中心倒。
4. 將袋口墊布用珠針固定在前褲片袋口，前褲片和後褲片正面相對縫合側邊，用熨斗將縫份攤開燙平。
5. 重疊前褲片打褶，用珠針固定，和腰帶正面相對縫合，縫份往腰帶倒。
6. 依完成線摺右後側腰帶後中心，像包覆縫份般摺腰帶，並且用珠針固定。
7. 從正面在腰帶和褲片的接縫處邊緣加上隱蔽線。
8. 依完成線摺褲襬，用熨燙接著膠帶黏緊縫份。
9. 正面相對縫合後股上至開口止點，縫份往右褲片倒。
10. 前後褲片正面相對接續縫合股下，用熨斗將縫份攤開燙平。
11. 腰帶縫上按扣，前中心黏上燙片，用熨斗燙出中央壓線。

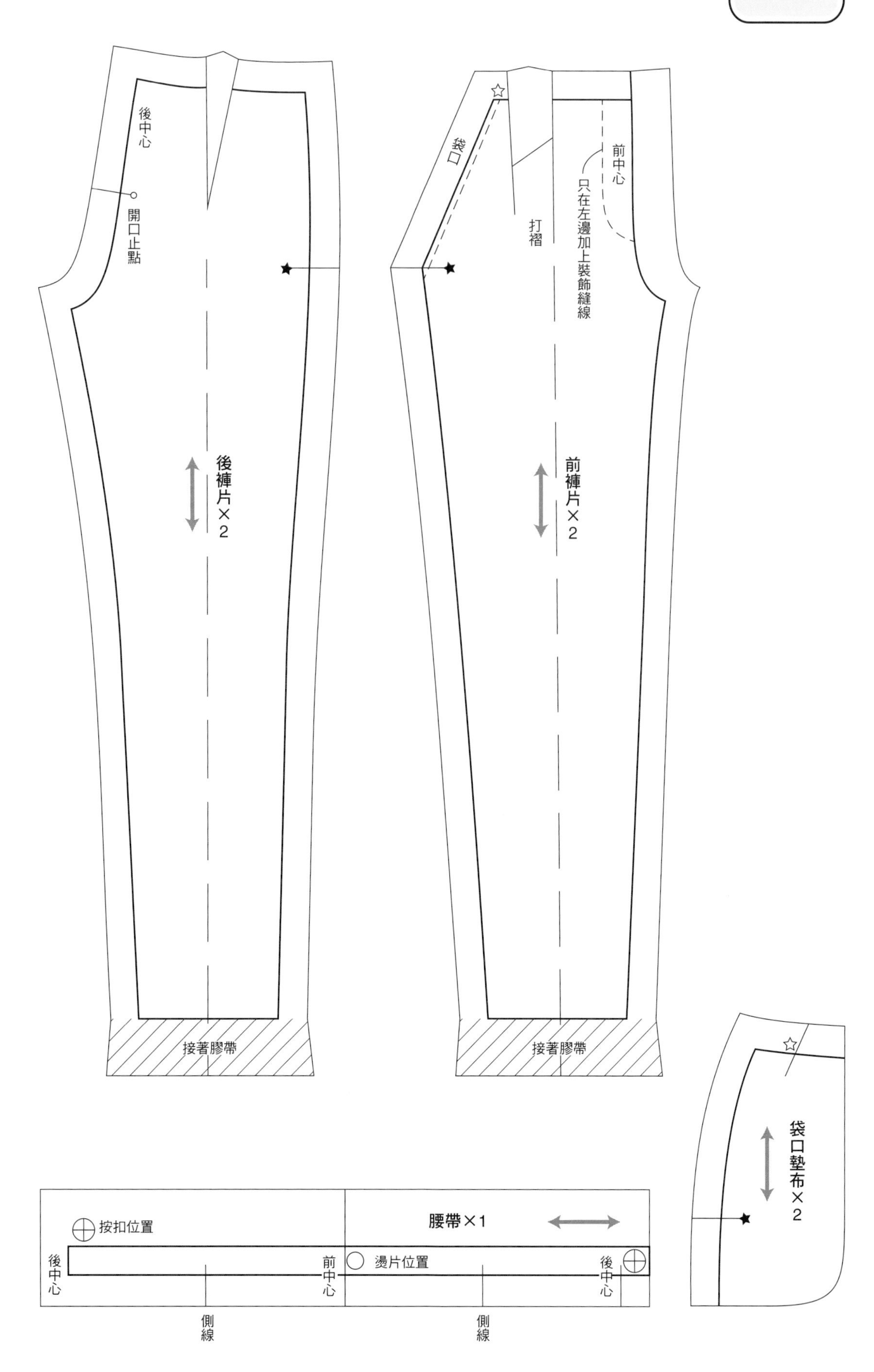
後中心
開口止點
後褲片×2
接著膠帶
袋口
打褶
前中心
只在左邊加上裝飾縫線
前褲片×2
接著膠帶
袋口墊布×2
按扣位置
腰帶×1
後中心
前中心
燙片位置
後中心
側線
側線

細褶套衫

材料

細棉布　40cm×16cm
6mm 寬棉質蕾絲　25cm
直徑 2mm 圓珠　4 顆
0 號風紀扣公扣　2 個

作法

1. 分別在左右前上身粗裁布料指定位置，摺出細褶山線，再一一縫製 2 條 1mm 寬的細褶，往側邊倒。
2. 在步驟 1 放上前上身的紙型並且裁切，在布的邊緣塗上防綻液。
3. 將蕾絲縫在前上身的指定位置。
4. 前後上身正面相對縫合肩線，用熨斗將縫份攤開燙平。
5. 衣領正面相對縫合周圍，翻回正面。
6. 衣領用前貼邊布夾住，縫合領圍。
7. 在領圍縫份剪出牙口，縫份往上身倒，在上身後領圍加上縫線。
8. 袖口做出碎褶，和對摺的卡夫正面相對縫合，縫份往衣袖倒。
9. 袖山做出抽褶，衣袖和上身正面相對縫合，縫份往衣袖倒。
10. 前後上身正面相對接續縫合側邊～衣袖下方，在側邊縫份剪出牙口，再用熨斗將縫份攤開燙平。
11. 前貼邊布下襬往正面摺，並縫合下襬，翻回正面。
12. 依完成線摺上身衣襬，加上縫線。
13. 將圓珠和風紀扣縫在左前上身指定位置，將縄扣縫在右前上身鉤扣位置。

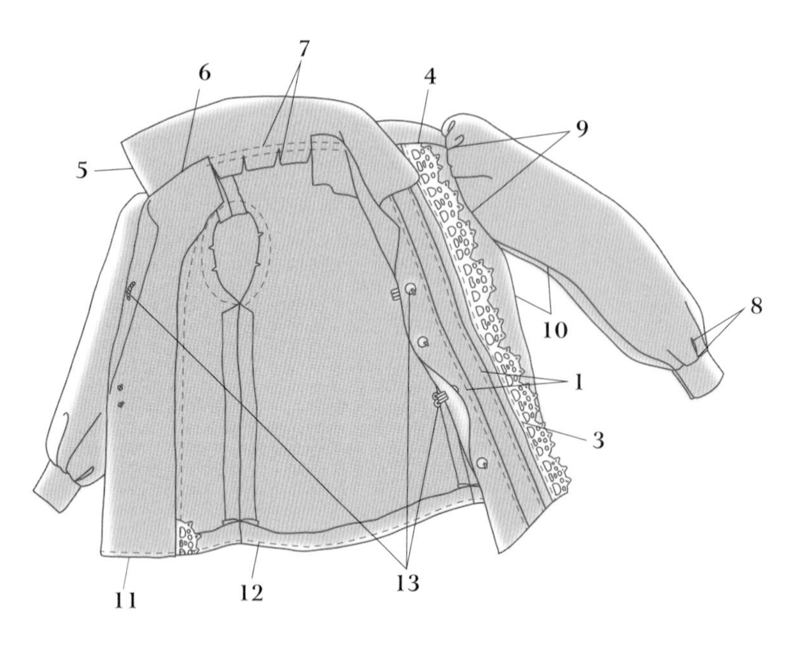

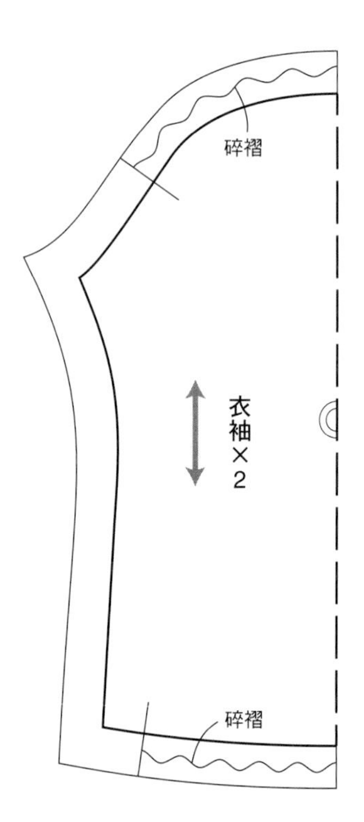

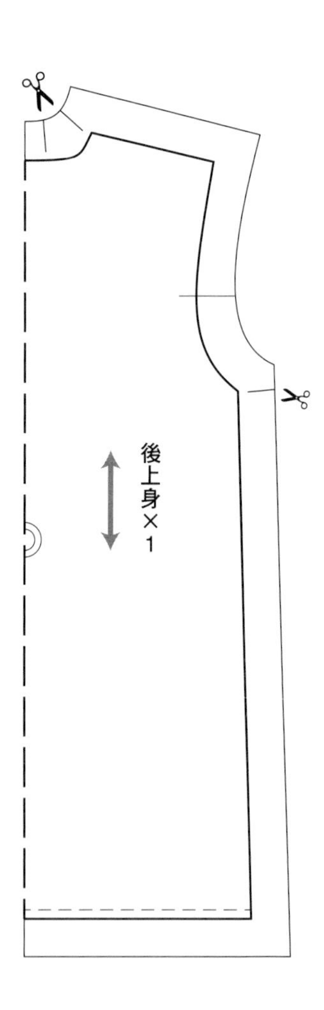

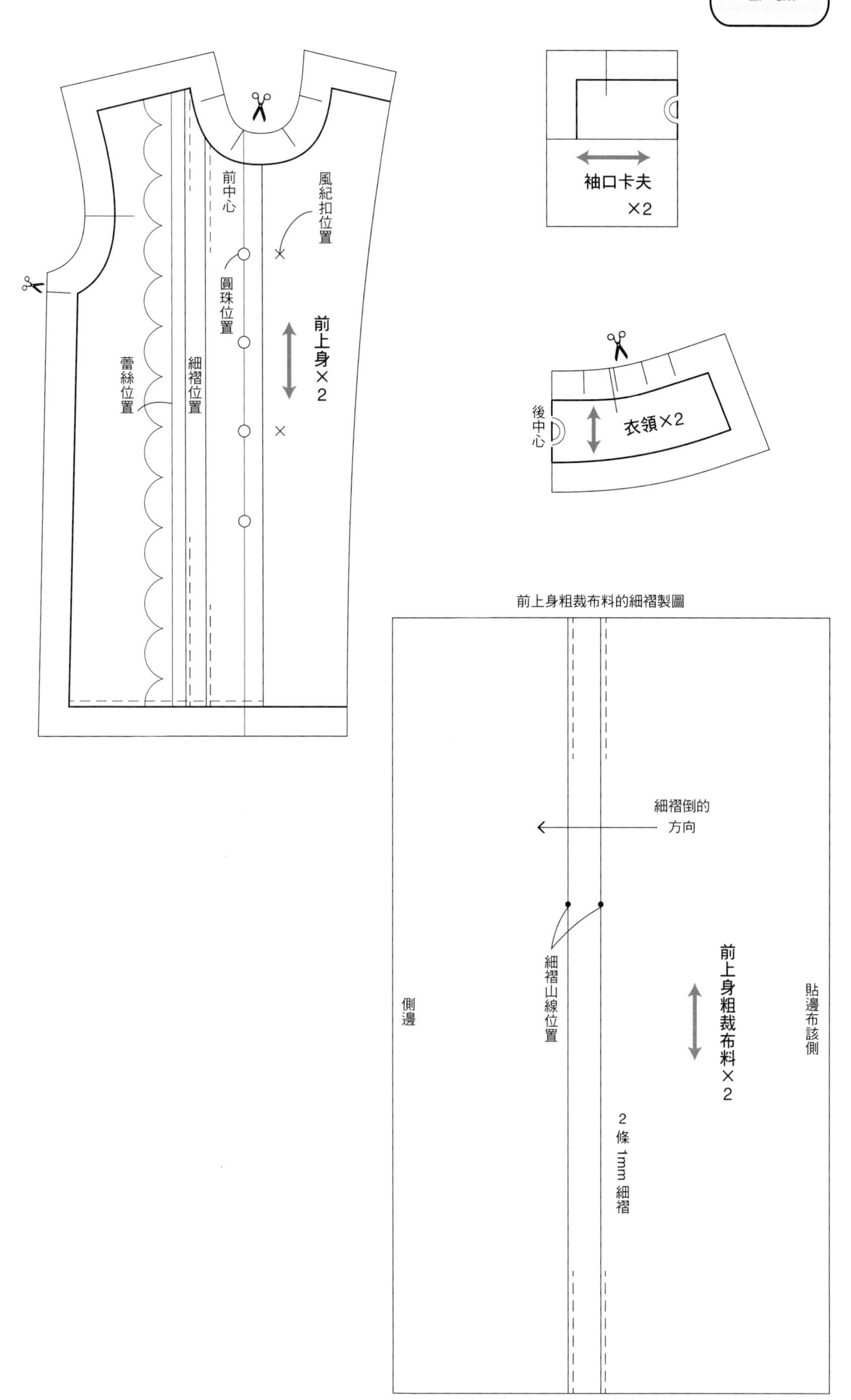
前中心
風紀扣位置
圓珠位置
前上身×2
蕾絲位置
細褶位置
袖口卡夫
×2
後中心
衣領×2
前上身粗裁布料的細褶製圖
細褶倒的方向
細褶山線位置
側邊
前上身粗裁布料×2
貼邊布該側
2條1mm細褶

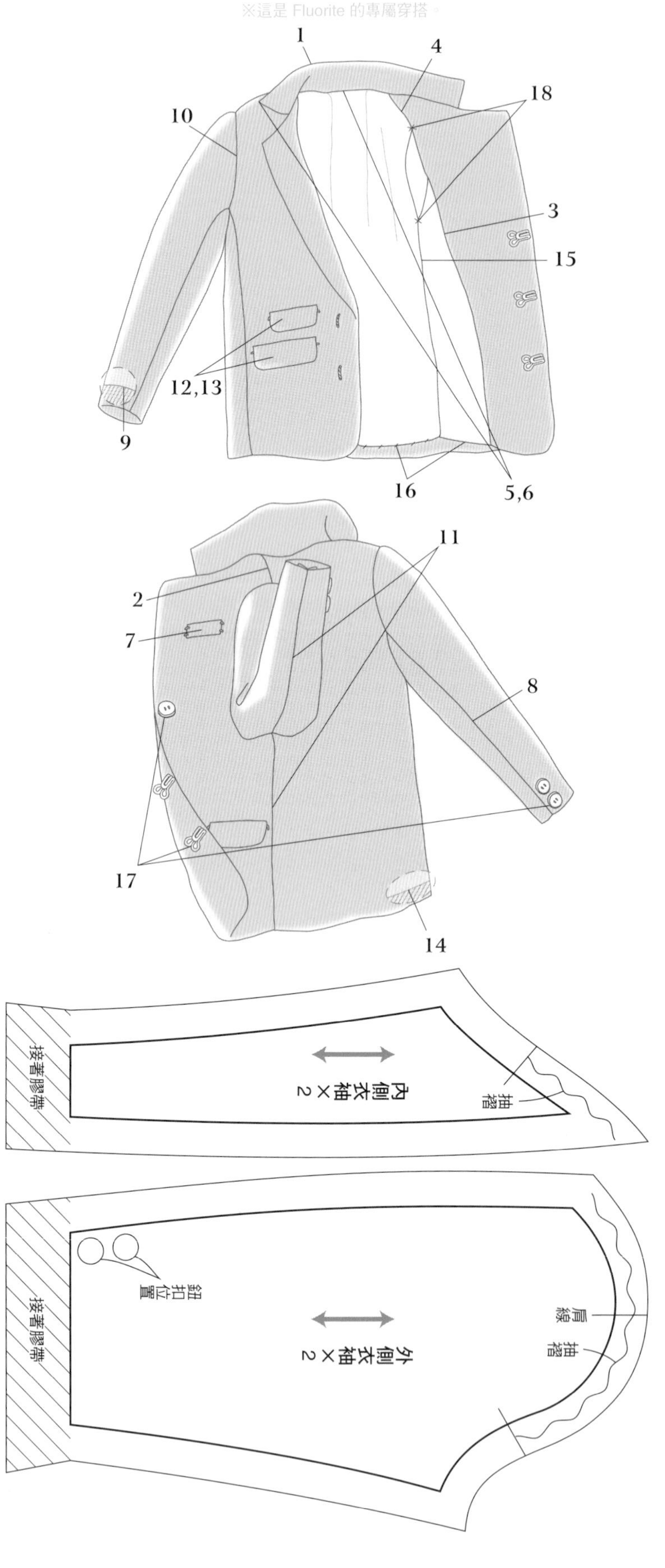

P.34 ● U-noa Quluts light

三扣西裝外套穿搭

西裝外套

材料

中厚棉布料 35cm×18cm
細棉布（裡布掀蓋、前面側邊、後上身裡布用）24cm×15cm
直徑 5mm 鈕扣（前上身用） 3 顆
直徑 4mm 鈕扣（袖口用） 4 顆
0 號風紀扣公扣 3 個
10mm 寬熨燙接著膠帶 35cm

作法

1. 衣領正面相對縫合，翻回正面，用熨斗燙平。
2. 前後上身正面相對縫合肩線，用熨斗將縫份攤開燙平，做成表布上身。
3. 貼邊布和前面側邊裡布正面相對縫合，縫份往側邊倒。
4. 步驟 3 和後上身裡布正面相對縫合肩線，縫份往後上身倒，做成裡布上身。
5. 表裡布上身夾住衣領用珠針固定，再接續縫合貼邊布下襬～前開口～領圍～另一側貼邊布下襬。
6. 剪去衣領前端縫份邊角，在領圍縫份、衣襬圓弧各處剪出牙口，翻回正面，用熨斗燙平。
7. 箱形口袋兩側摺起，縫在左胸位置。
8. 外側衣袖和內側衣袖正面相對縫合，縫份往外側衣袖倒。
9. 依完成線摺袖口，用熨燙接著膠帶黏緊縫份。
10. 袖山做出抽褶，依記號和上身正面相對縫合，縫份往衣袖倒。
11. 前後上身正面相對接續縫合側邊～衣袖下方，在腋下的縫份剪出牙口，用熨斗將縫份攤開燙平。
12. 大小掀蓋分別正面相對縫合，並將縫份剪齊成 3mm 左右，在圓弧各處剪出牙口，翻回正面，用熨斗燙平。
13. 掀蓋縫在表布上身指定位置。
※請避免縫到裡布。
14. 依完成線摺上身衣襬，用熨燙接著膠帶黏緊縫份。

15. 裡布前後正面相對縫合側邊，將縫份往前倒，並翻回正面。

16. 只將裡布衣襬後上身部份用邊縫縫在上身衣襬，將裡布前面衣襬摺起平順貼合。

17. 將鈕扣、風紀扣和繩扣縫在指定位置。

18. 裡布袖圍縫在表布肩線和衣袖下方固定。

前面側邊裡布×2

貼邊布×2

風紀扣位置

衣領接縫止點

左邊箱形口袋×1

大掀蓋

表布×2
裡布×2

小掀蓋

表布×1
裡布×1

後中心

衣領×2

衣領接縫止點

箱形口袋位置

前上身×2

鈕扣位置

小掀蓋位置

大掀蓋位置

接著膠帶

後中心

後上身裡布×1

後中心

後上身×1

接著膠帶

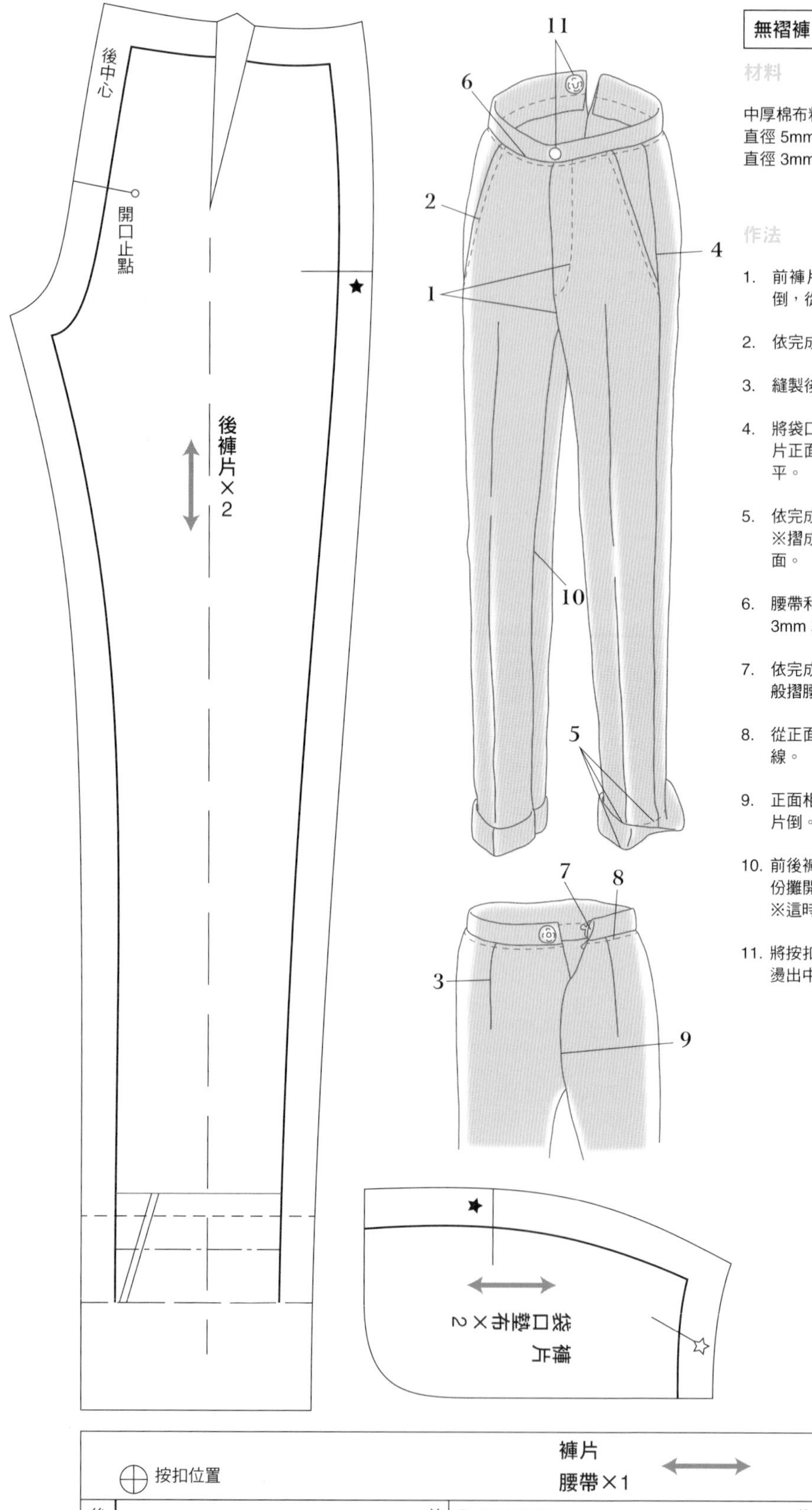

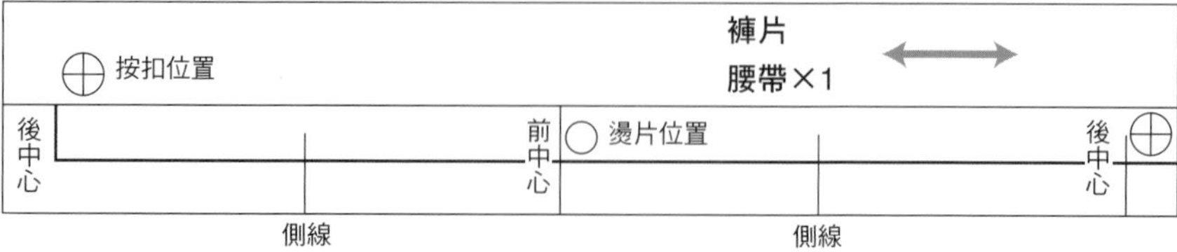

無褶褲

材料

中厚棉布料　30cm×22cm
直徑 5mm 按扣　1 組
直徑 3mm 燙片　1 個

作法

1. 前褲片正面相對縫合前股上，縫份往左褲片倒，從正面縫上裝飾縫線。
2. 依完成線摺前褲片袋口，加上縫線。
3. 縫製後褲片的打褶，往後中心倒。
4. 將袋口墊布用珠針固定在前褲片袋口，和後褲片正面相對縫合側邊，再用熨斗將縫份攤開燙平。
5. 依完成線摺褲襬，加上縫線，摺成翻邊褲腳。
※摺成翻邊褲腳時，請注意不要讓縫線露出表面。
6. 腰帶和褲片依記號正面相對縫合，縫份剪齊成 3mm 左右往腰帶倒。
7. 依完成線摺右後側的腰帶後中心，像包覆縫份般摺腰帶，用珠針固定。
8. 從正面在腰帶和褲片的接縫線的邊緣加上隱蔽線。
9. 正面相對縫合後股上至開口止點，縫份往右褲片倒。
10. 前後褲片正面相對接續縫合股下，用熨斗將縫份攤開燙平。
※這時，在褲襬摺成翻邊褲腳的情況下縫合。
11. 將按扣縫在腰帶，將燙片黏在前中心，用熨斗燙出中央壓線。

繞頸襯衫

材料

白色細平棉布　25cm×14cm
黑色細平棉布（門襟用）　1.5cm×8cm
魔鬼氈　0.8cm×3.5cm
直徑 3mm 圓珠（繞頸用）　1 顆
圓珠（門襟用）　6 顆

作法

1. 依完成線摺門襟兩邊，縫在前上身中心。
2. 前上身和前面側邊正面相對縫合，用熨斗將縫份攤開燙平。
3. 後上身和後面側邊正面相對縫合，用熨斗將縫份攤開燙平。
4. 前後上身正面相對縫合側邊，用熨斗將縫份攤開燙平。
5. 上身上邊以及衣襬分別依完成線摺起，加上縫線。
6. 衣領正面相對縫合，翻回正面，如圖用熨斗燙平。
7. 前上身領圍和衣領正面相對縫合。
8. 在上身的縫份剪出牙口，縫份往上身倒，從正面加上縫線，用布用接著劑將兩側的縫份摺進固定，以免露出邊緣。
9. 將魔鬼氈縫在後中心。
10. 將圓珠和繩扣接合在門襟和衣領。

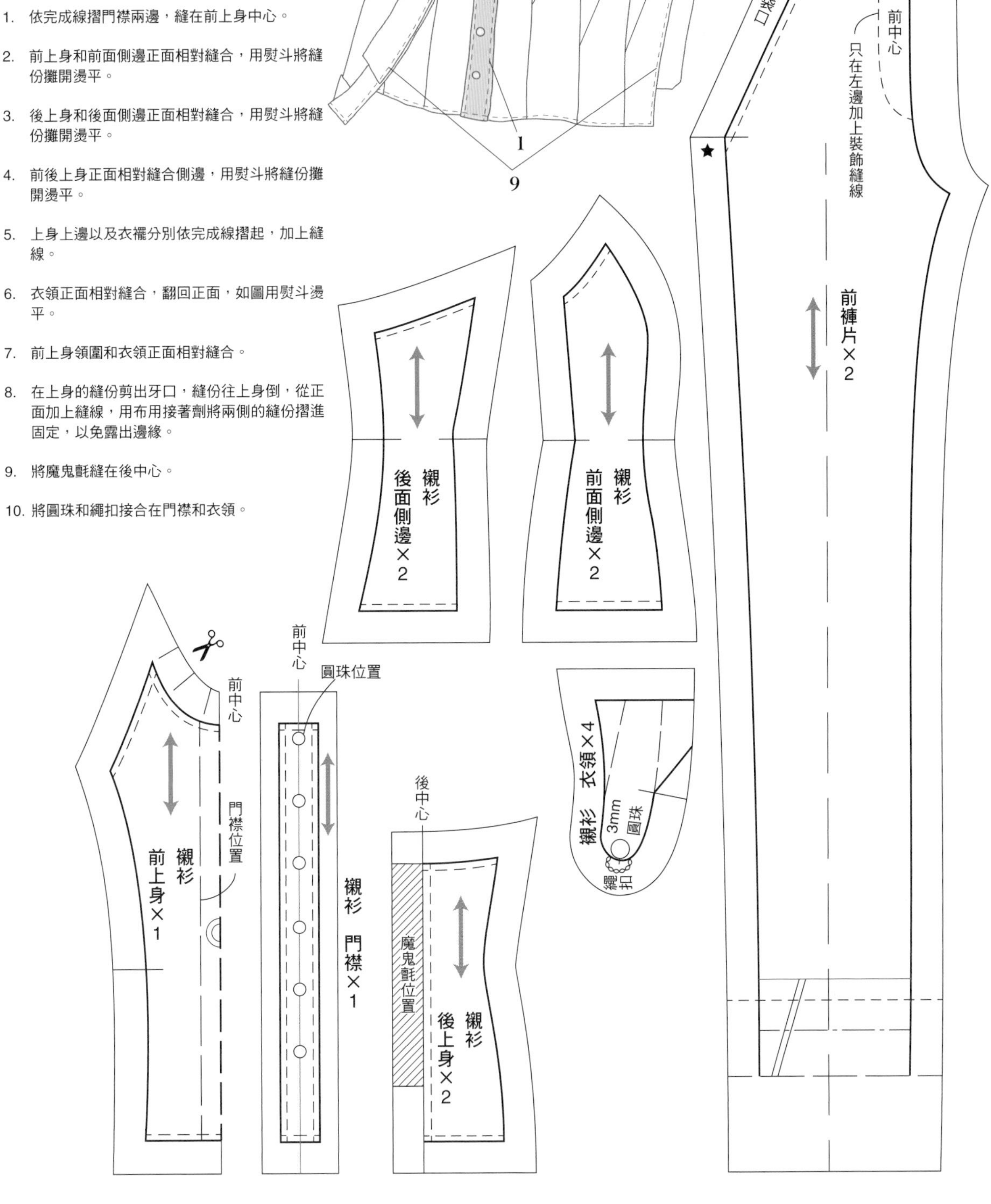

P.32 U-noa Quluts light

男士風大衣穿搭

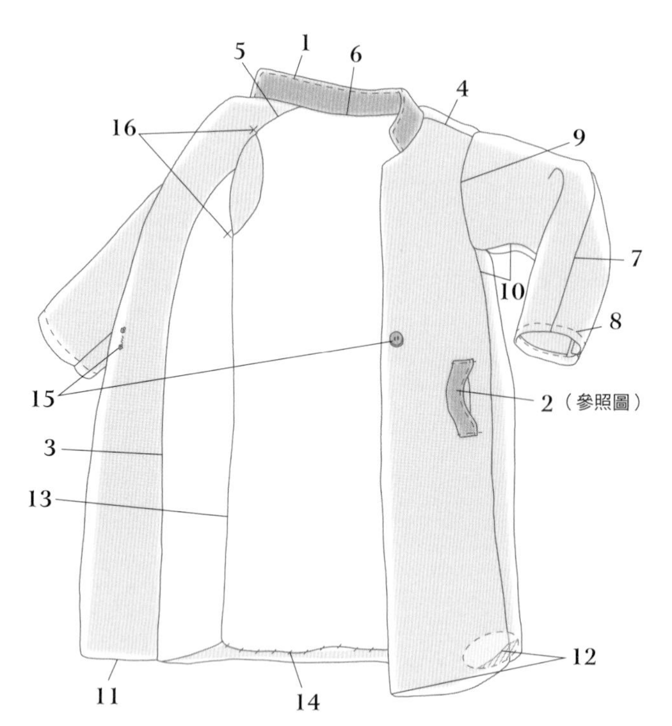

○步驟 2 圖示

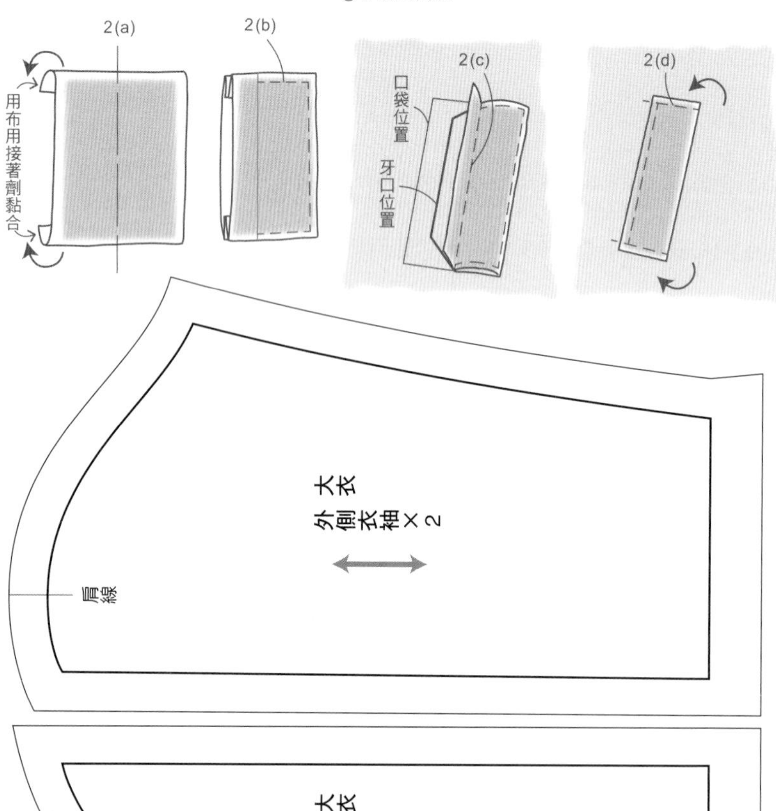

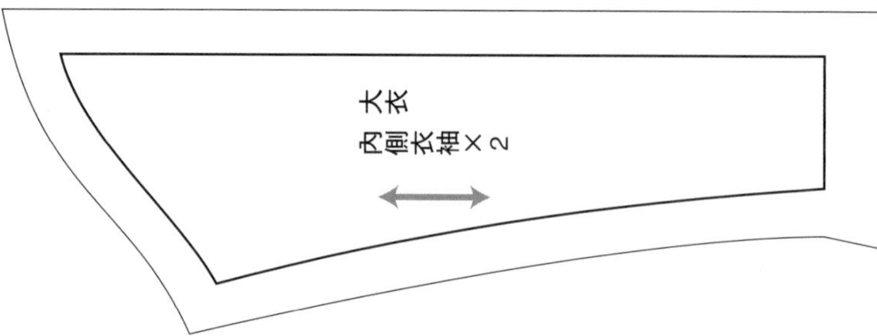

男士風大衣

材料

格紋棉布料　25cm×23cm
中厚棉布料　6cm×10cm
細棉布（裡布用）　20cm×22cm
直徑 6mm 鈕扣　1 顆
0 號風紀扣公扣　1 個
10mm 寬熨燙接著膠帶　20cm

作法

1. 衣領正面相對縫合，並修剪多餘縫份，翻回正面，用熨斗燙平，在周圍縫上縫線。
2. 製作、縫上箱形口袋。（參照圖示）
   （a）依完成線摺兩側，用布用接著劑黏合縫份。
   （b）依完成線摺袋口，在周圍加上縫線。
   （c）將箱形口袋縫在前上身口袋位置，在上身剪出牙口，塗上防綻液待乾。
   （d）箱形口袋往側邊倒，縫份穿過牙口往內側倒，用熨斗燙平，將兩側加上縫線固定在上身。
3. 前面側邊裡布和貼邊布部分正面相對縫合，縫份往側邊倒。
4. 前後上身正面相對縫合肩線，用熨斗將縫份攤開燙平，做成表布上身。
5. 貼邊布和後上身裡布正面相對縫合肩線，縫份往後上身倒。
6. 在領圍縫份剪出牙口，表裡布面上身夾住衣領並用珠針固定縫合。
7. 外側衣袖和內側衣袖正面相對縫合，縫份往外側衣袖倒。
8. 依完成線摺袖口，加上縫線。
9. 衣袖和上身正面相對縫合，縫份往衣袖倒。
10. 前後上身正面相對接續縫合側邊～衣袖下方，並在腋下縫份剪出牙口，用熨斗將縫份攤開燙平。
11. 左右前上身分別和前中心正面相對，縫合貼邊布下襬。
12. 依完成線摺衣襬，用熨燙接著膠帶黏緊，貼邊布下襬翻回正面，用熨斗燙平。
13. 後上身裡布和前面側邊正面相對縫合側邊，縫份往前側倒。

14. 將後上身裡布衣襬用邊縫縫在表布衣襬縫份，將前面側邊衣襬摺起平順貼合貼邊布下襬線。

15. 將鈕扣和風紀扣縫在左前上身，將繩扣縫在右前上身。

16. 裡布袖圍縫在表布肩線和衣袖下方縫份固定。

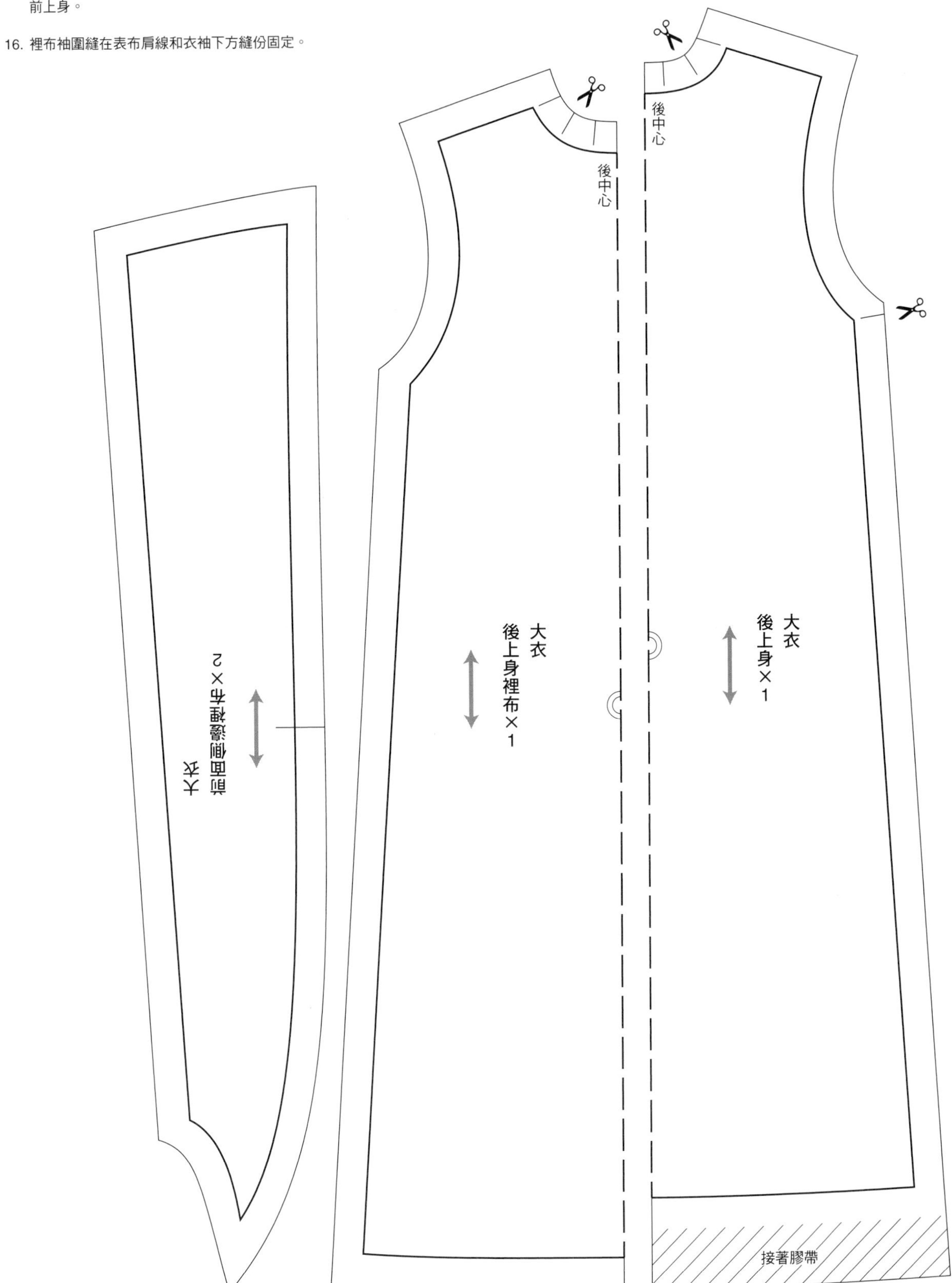

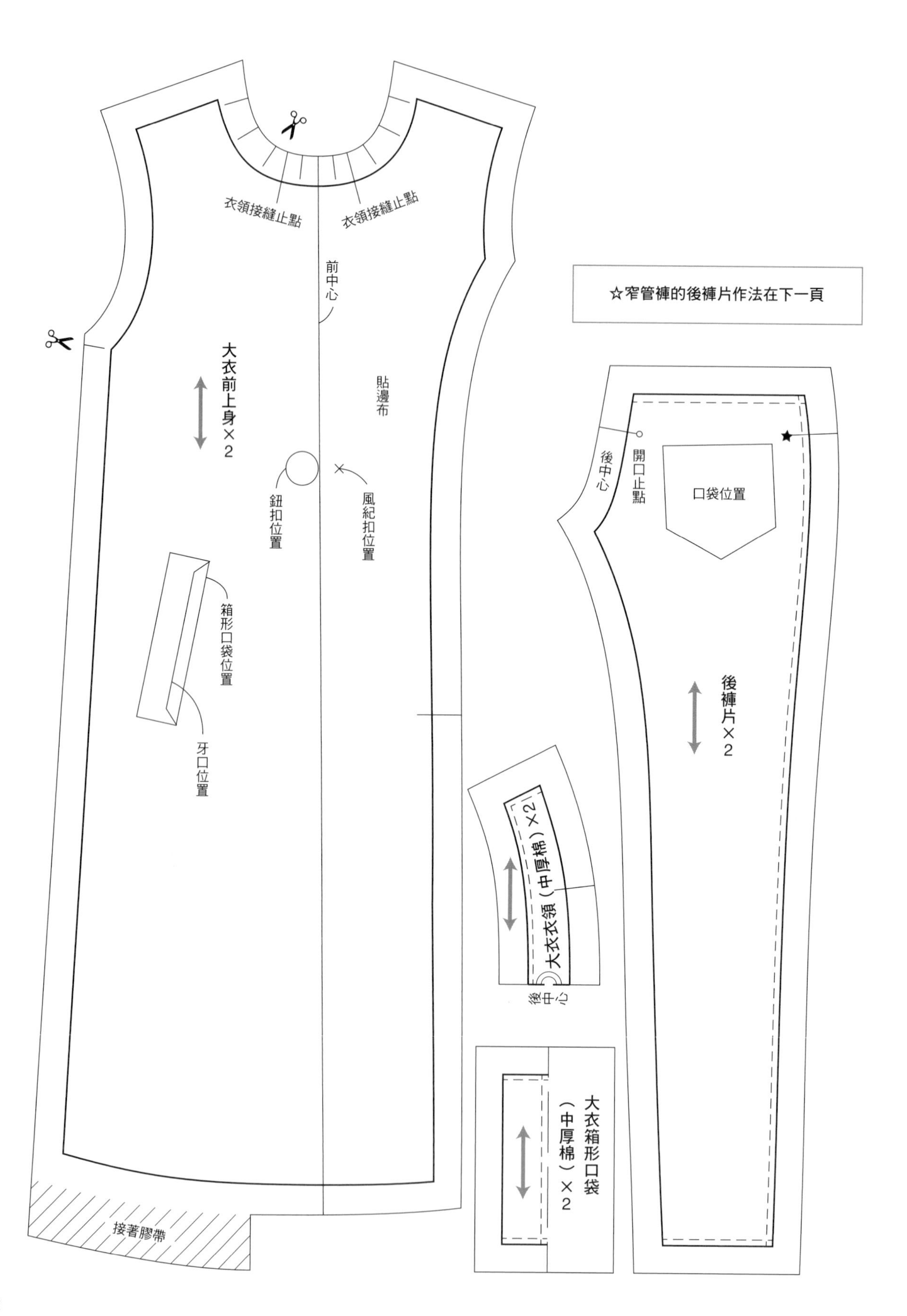

衣領接縫止點
衣領接縫止點
前中心
大衣前上身×2
貼邊布
鈕扣位置
風紀扣位置
箱形口袋位置
牙口位置
接著膠帶
☆窄管褲的後褲片作法在下一頁
後中心
開口止點
口袋位置
後褲片×2
大衣衣領（中厚棉）×2
後中心
大衣箱形口袋（中厚棉）×2

27 尺寸　窄管褲

材料

中厚棉布料　30cm×18cm
直徑 3mm 燙片　1 個
直徑 5mm 按扣　1 組

作法

1. 前褲片中心正面相對縫合，縫份往左褲片倒，加上裝飾縫線。
2. 依完成線摺前褲片袋口，加上縫線。
3. 後褲片和後約克正面相對縫合，縫份往後褲片倒，加上縫線。
4. 將袋口墊布用珠針固定在前褲片袋口，前褲片和後褲片正面相對縫合側邊，縫份往後倒，在邊緣加上縫線。
5. 依完成線摺褲襬，加上縫線。
6. 腰帶和褲片依記號正面相對縫合，縫份剪齊成 3mm 左右，縫份往腰帶倒。
7. 依完成線摺右後側腰帶後中心，像包覆縫份般摺腰帶，用珠針固定，加上縫線。
8. 依完成線摺後袋口，加上縫線，依完成線摺周圍，將口袋縫在指定位置。
9. 正面相對縫合後股上至開口止點，縫份往右褲片倒。
10. 前後褲片正面相對縫合股下，用熨斗將縫份攤開燙平。
11. 翻回正面，用熨斗燙平，將按扣縫在腰帶，將燙片黏在前中心。

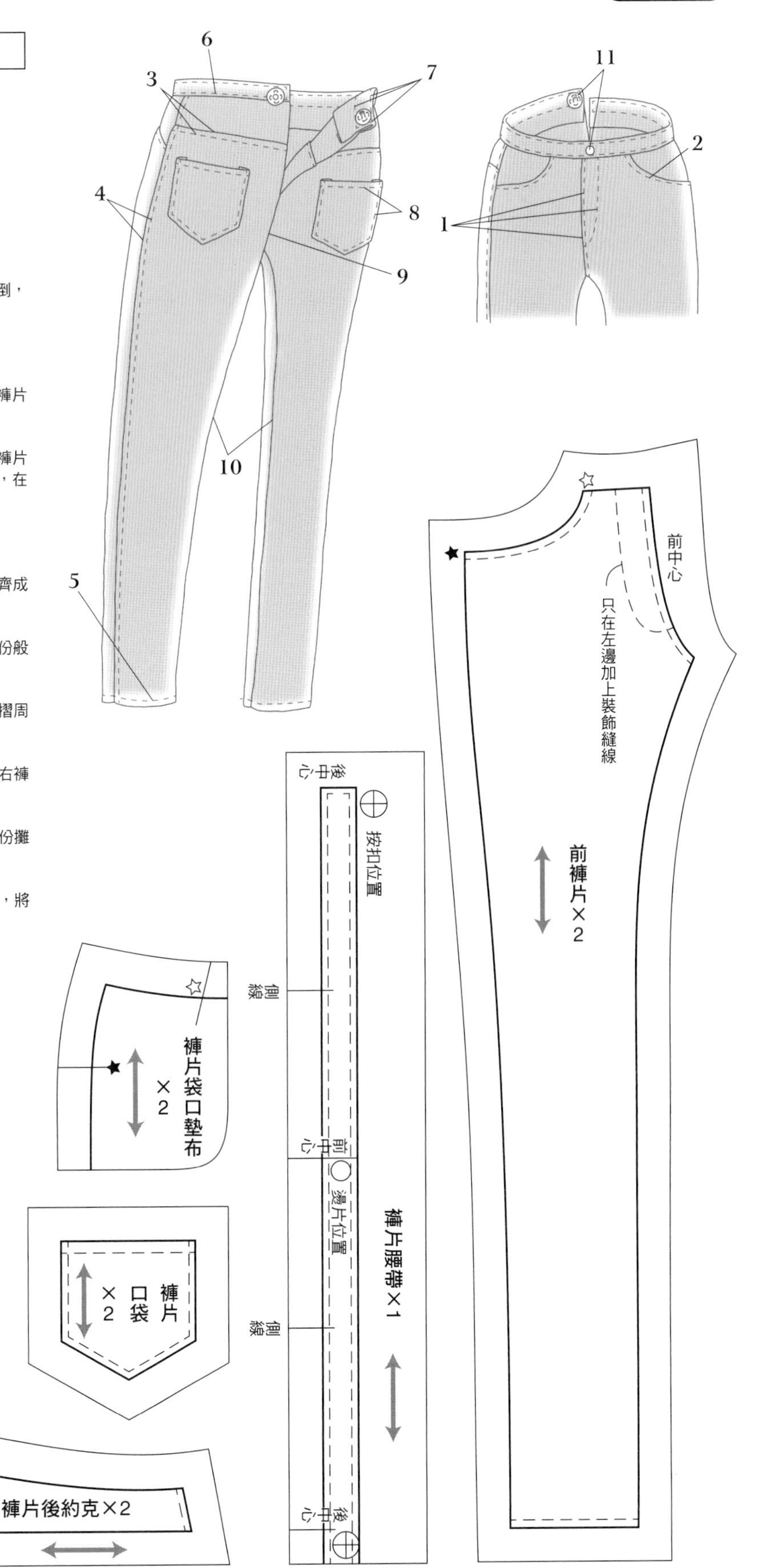

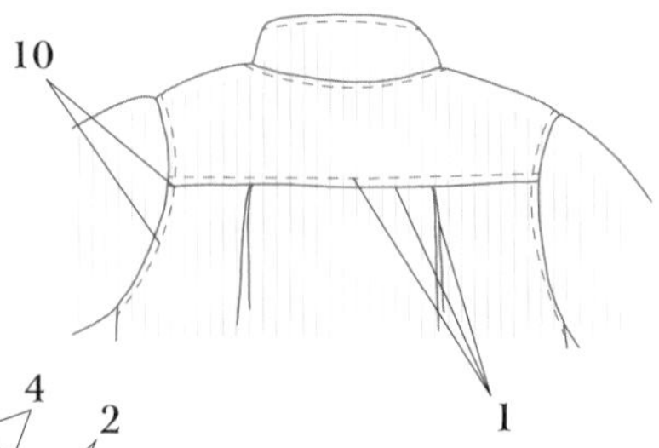

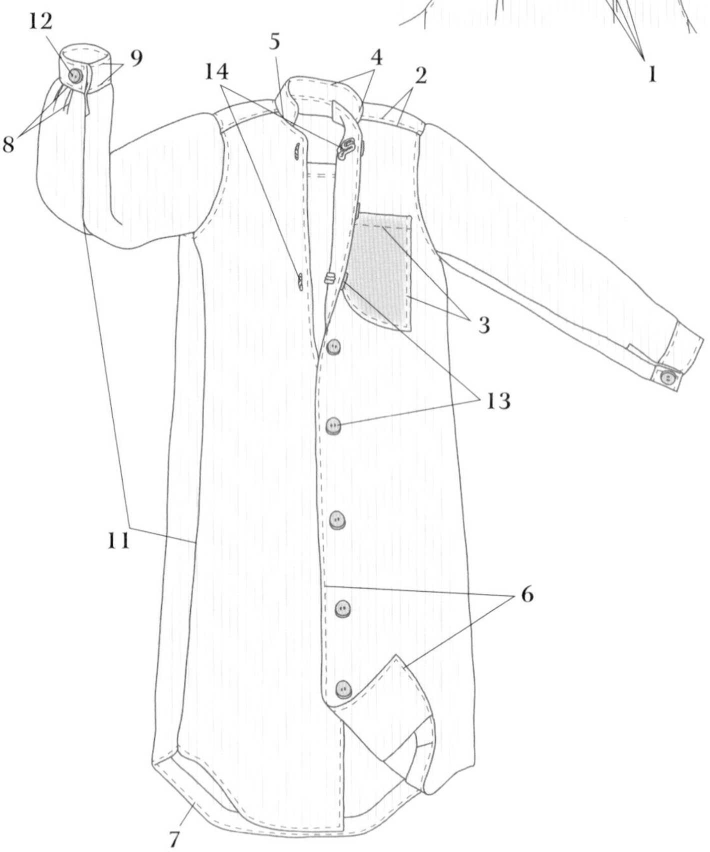

立領長版襯衫

材料

條紋細平棉布　40cm×22cm
素面細平棉布（口袋用）　3cm×4cm
直徑 4mm 鈕扣　10 顆
0 號風紀扣公扣　2 個

作法

1. 重疊後上身打褶，和抵肩正面相對縫合，縫份往抵肩倒，在抵肩邊緣加上縫線。
2. 抵肩和前上身正面相對縫合，縫份往抵肩倒，在抵肩邊緣加上縫線。
3. 依完成線摺胸前袋口，加上縫線，依完成線摺口袋周圍，將口袋縫在左胸口袋位置。
4. 衣領正面相對縫合，修剪多餘縫份，在圓弧部分各處剪出牙口，翻回正面，在領圍周圍加上縫線。
5. 將衣領依記號用珠針固定在上身，用前貼邊布夾住縫合領圍，在縫份各處剪出牙口，翻回正面，用熨斗燙平。
6. 前面衣襬和貼邊布正面相對縫合，依完成線摺衣襬，將貼邊布翻回正面，接續在前衣襬～前端～領圍邊緣加上縫線。
7. 依完成線摺後上身衣襬，加上縫線。
8. 重疊衣袖打褶，和卡夫正面相對縫合，縫份往卡夫倒。
9. 像包覆縫份般依完成線摺卡夫，在邊緣加上一圈縫線。
10. 衣袖和上身正面相對縫合，縫份往上身倒，在袖圍加上縫線。
11. 前後上身正面相對接續縫合側邊～衣袖下方，在側邊縫份剪出牙口，再用熨斗將縫份攤開燙平。
12. 袖口卡夫重疊在後側上 5mm，縫上鈕扣固定。
13. 前端鈕扣的上面 4 顆只縫在左上身，下面 4 顆縫在重疊於右上身的左上身，用鈕扣將左右上身固定。
14. 將風紀扣和繩扣縫在指定位置。

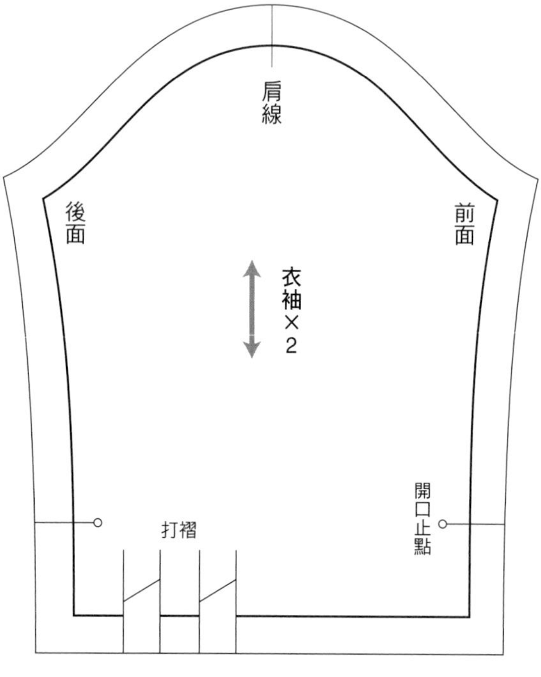

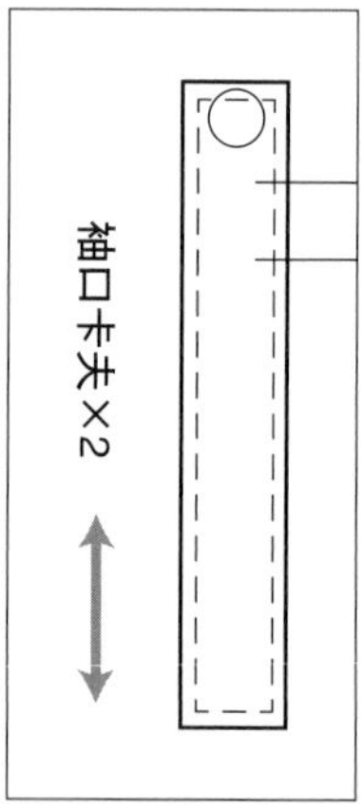

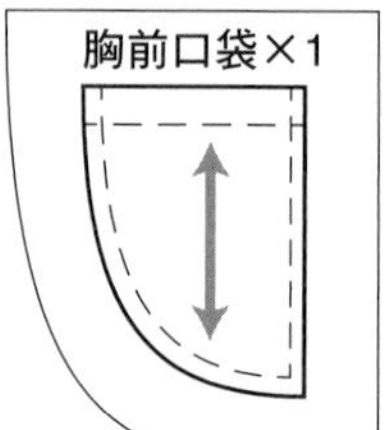

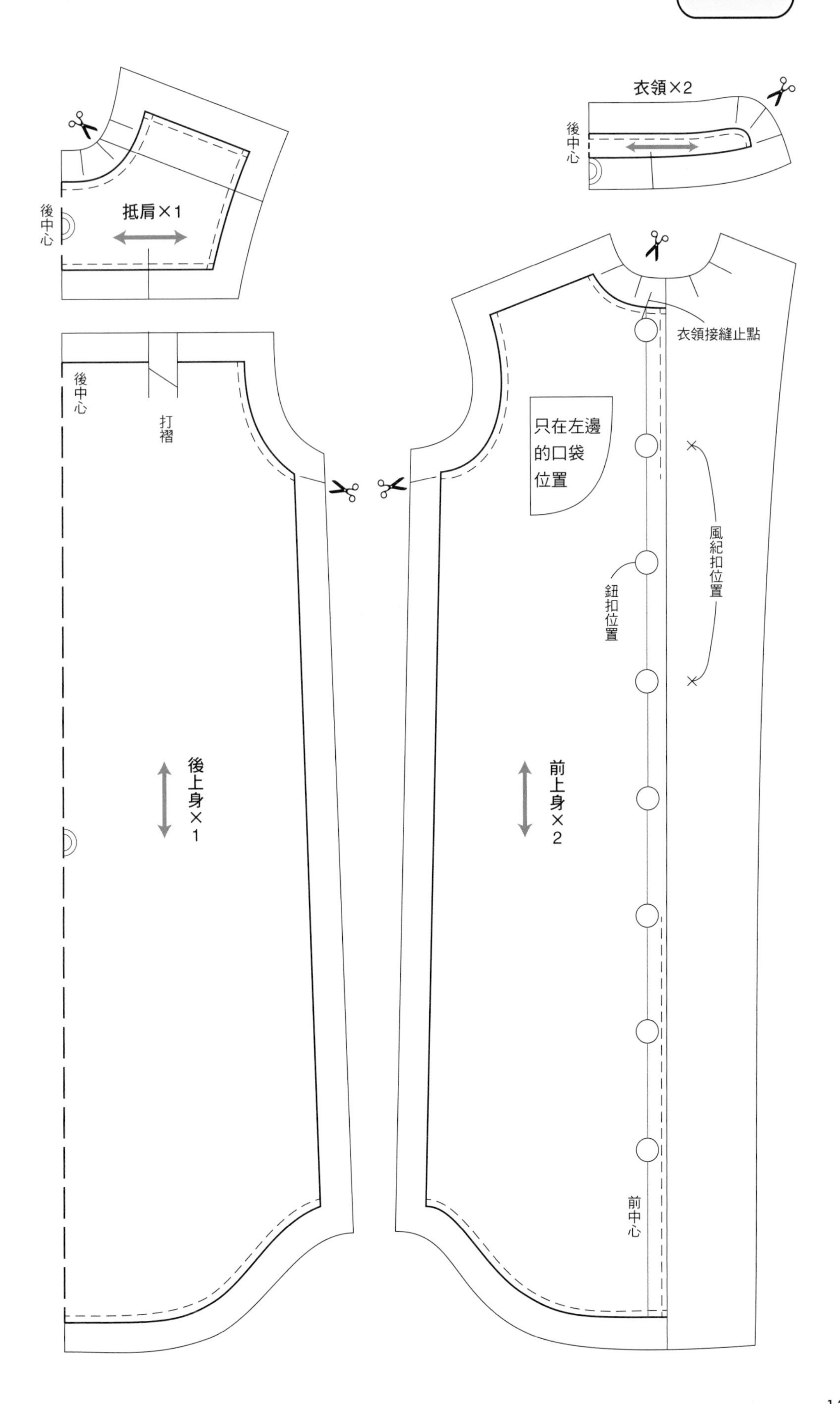

衣領×2
後中心
抵肩×1
後中心
衣領接縫止點
後中心
打褶
只在左邊的口袋位置
風紀扣位置
鈕扣位置
後上身×1
前上身×2
前中心

Profile

allnurds 內山順子

2001 年起以娃娃服裝創作家的身分展開活動。運用女性服飾打版師的經驗，製作讓娃娃穿上真人服飾的作品。持續在活動、展店和線上商店中，以 1/6 尺寸娃娃的服裝為主軸從事創作活動。
www.allnurds.com

Staff

Design 橘川幹子

Photo 關愉宇太

紙型與插畫 關口 hina

作法編輯 高柳珠江

協助 apo
株式會社 AZONE INTERNATIONAL
株式會社 OBITSU 製作所
株式會社 SEKIGUCHI
株式會社 PetWORKs
kishimuyotya 企劃
七星 Engineering

ARET
Ken
Libraro
（省略敬稱，依日文 50 音排序）

企劃與編輯 長又紀子（Graphic 社）

※本書登場的部分娃娃有更改髮型。關於登場娃娃的相關問題，敬請與廠商詢問確認。

國家圖書館出版品預行編目(CIP)資料

娃娃造型服飾裁縫手冊：中性休閒時尚穿搭/內山順子作. -- 新北市：北星圖書事業股份有限公司, 2021.05
面； 公分
ISBN 978-957-9559-73-7(平裝)

1.洋娃娃 2.手工藝

426.78 109021135

娃娃造型服飾裁縫手冊
中性休閒時尚穿搭

作　　者／內山順子
譯　　者／黃姿頤
發 行 人／陳偉祥
發　　行／北星圖書事業股份有限公司
地　　址／234 新北市永和區中正路 462 號 B1
電　　話／886-2-29229000
傳　　真／886-2-29229041
網　　址／www.nsbooks.com.tw
E-MAIL／nsbook@nsbooks.com.tw
劃撥帳戶／北星文化事業有限公司
劃撥帳號／50042987
製版印刷／皇甫彩藝印刷股份有限公司
出 版 日／2021年5月
I S B N／978-957-9559-73-7
定　　價／450

如有缺頁或裝訂錯誤，請寄回更換。

This book was first designed and published in Japan in 2019 by Graphic-sha Publishing Co., Ltd.
This Complex Chinese edition was published in 2021 by NORTH STAR BOOK CO., LTD
Japanese edition creative staff
Design: Motoko Kitsukawa
Photo: Yuta Seki
Patterns・Illustrations: Hina Sekiguchi
Editing (Instruction part):Tamae Takayanagi

Special thanks:
APO
AZONE INTERNATIONAL Co.,ltd
Obitsu Plastic Manufacturing Co., Ltd.
SEKIGUCHI co.,LTD
PetWORKs Co., Ltd. (PetWORKs Store Gloval http://petworks.ocnk.net/)
Kishimu Youcha Kikaku
Nanahoshi Engineering
ARET
Ken
Libraro

Planning and editing: Noriko Nagamata(Graphic-sha Publishing Co., Ltd.)

臉書粉絲專頁

LINE 官方帳號